内蒙古自治区哲学社会科学重点项目成果



# RESEARCH ON THE STRATEGY OF INNER MONGOLIA ECOLOGICAL CULTURAL CONSTRUCTION

# 内蒙古生态文化建设战略研究

魏智勇　白志峰◎著

中国环境出版集团·北京

图书在版编目（CIP）数据

内蒙古生态文化建设战略研究 / 魏智勇，白志峰著. -- 北京 ：中国环境出版集团，2019.5

ISBN 978-7-5111-3977-1

Ⅰ. ①内… Ⅱ. ①魏… ②白… Ⅲ. ①生态环境建设—研究—内蒙古 Ⅳ. ① X321.226

中国版本图书馆 CIP 数据核字（2019）第 085320 号

**出 版 人** 武德凯
**责任编辑** 宾银平 沈 建
**责任校对** 任 丽
**装帧设计** 彭 杉

---

**出版发行** 中国环境出版集团
（100062 北京市东城区广渠门内大街 16 号）
网　　址：http://www.cesp.com.cn
电子邮箱：bjgl@cesp.com.cn
联系电话：010-67112765（编辑管理部）
010-67113412（第二分社）
发行热线：010-67125803，010-67113405（传真）

**印　　刷** 北京中科印刷有限公司
**经　　销** 各地新华书店
**版　　次** 2019 年 5 月第 1 版
**印　　次** 2019 年 5 月第 1 次印刷
**开　　本** 787×1092 1/16
**印　　张** 17.5
**字　　数** 270 千字
**定　　价** 80.00 元

---

# 编委会

# 序言

继党的十七大首次把建设生态文明作为我国全面建设小康社会的战略目标以后，党的十九大再次将生态文明建设提高到了一个新的高度，明确提出到本世纪中叶，将把我国建成富强、民主、文明、和谐、美丽的社会主义现代化强国。在实现中华民族的伟大复兴中国梦的征程中，生态文明建设是我们奋斗目标的重要内容，而作为生态文明建设的思想和理论基础，对生态文明建设起着重要引领和支撑作用的生态文化，必将在实现伟大中国梦的实践中发挥强大的驱动作用。

党中央、国务院非常关注内蒙古自治区的生态文明建设。2014 年，习近平总书记在考察内蒙古自治区时明确提出，“当前是全面落实党中央对内蒙古发展战略定位、打造祖国北疆亮丽风景线的关键时期”，“内蒙古要大胆先行先试，积极推进生态文明制度建设和改革”。2019 年 3 月 5 日，习近平总书记在参加十三届全国人大二次会议内蒙古代表团审议时强调，“保持加强生态文明建设的战略定力，探索以生态优先、绿色发展为导向的高质量发展新路子，加大生态系统保护力度，打好污染防治攻坚战，守护好祖国北疆这道亮丽风景线”。习近平总书记的重要指示深刻阐明了内蒙古自治区在全国疆域发展大局中的战略地位和奋斗目标，为内蒙古自治区发展确立了新定位、赋予了新使命，是引领内蒙古自治区改革开放和现代化建设的根本指针。

生态文化是新时代生态文明建设的主流文化，内蒙古拥有许多得天独厚的生态文化资源。内蒙古高原是北方游牧文化的摇篮，几千年来，生活在这里的各个民族共同创造了美好的生活家园，共同创造了中华文化的重要组成部分——草原文化。这里既有沃野千里的草原牧场、葱葱郁郁的原始森林、神秘奇特的沙漠景观、广袤无垠的阡陌农田等，还有保护传承下来的草原生态文化、农耕生态文化、森林生态文化、沙漠生态文化等优秀历史文化精品，更有能够代表内蒙古精神的“蒙古马文化”“骆驼文化”“胡杨文化”和“航天文化”等。这些都是中华民族乃至全人类的文化财富，也是内蒙古打造祖国北疆亮丽风景线的最大特色和魅力所在。

长期以来，内蒙古自治区党委、政府始终高度重视生态建设和环境保护，特别是国家实施西部大开发战略以来，相继实施了一大批生态建设重大工程和节能环保重点工程，加快产业转型升级步伐，推动淘汰落后产能，生态环境实现了“整体恶化趋缓，治理区明显好转”。然而，随着工业化、城镇化加快推进，产业结构优化升级艰难爬坡，

内蒙古自治区整体生态环境比较脆弱的局面仍未根本改变。在当前和今后一个时期内，我们一定要牢固树立绿色发展理念，坚定不移地走绿色富区、绿色惠民的发展道路，加快形成人与自然和谐发展的新格局，切实筑牢我国北方重要生态安全屏障，为国家生态安全做出新贡献。

内蒙古自治区生态环境厅组织专家所著的《内蒙古生态文化建设战略研究》一书，契合时代要求，对内蒙古生态文化建设的背景意义、资源禀赋、经验借鉴、总体思路、重点任务、典型案例、对策建议等方面进行了积极研究探索，这是一项具有开创性的研究成果，为推动内蒙古生态文明和生态文化建设提供了科学、系统、权威的理论支撑和实践指导。希望大家认真借鉴项目研究成果，更好地凝聚各方面的力量，全面加强内蒙古生态文化体系建设，努力推动人与自然和谐的生态文明理念成为全社会的主流文化。从而在习近平生态文明思想的指导下，以高度的使命感和责任心，以奋发有为的精神状态和务实高效的实际行动，为建设亮丽内蒙古、共圆伟大中国梦贡献力量。

何东

# 目录


第一章　绪　论 / 001

第一节　研究背景 / 002

第二节　研究意义 / 004

第三节　国内外研究概况 / 007

第二章　生态文化的内涵与现实价值 / 017

第一节　相关概念辨析 / 018

第二节　生态文化的内涵与特征 / 024

第三节　生态文化与生态文明的辩证关系 / 030

第四节　内蒙古生态文化建设的现实价值 / 032

第三章　内蒙古生态文化的资源禀赋 / 037
第一节　概况 / 038
第二节　生态文化禀赋 / 043
第三节　生态文化建设取得的成就 / 074
第四节　生态文化建设的机遇和挑战 / 085

第四章　国内外生态文化建设借鉴 / 093
第一节　国内生态文化建设借鉴 / 094
第二节　国外生态文化建设借鉴 / 105
第三节　国内外生态文化建设启示 / 117

第五章　内蒙古生态文化建设的总体思路 / 123
第一节　生态文化建设的指导思想 / 124
第二节　生态文化建设的基本原则 / 125
第三节　生态文化建设的战略目标与重点领域 / 127
第四节　正确处理内蒙古生态文化建设中的几大关系 / 142

第六章　内蒙古生态文化建设的重点任务 / 147
第一节　生态文化精神层面建设 / 148
第二节　生态文化物质层面建设 / 165
第三节　生态文化制度层面建设 / 180

第七章　内蒙古生态文化建设典型案例 / 191

第一节　社区生态文化建设的新路径——记包头南海子湿地自然学校 / 192

第二节　蒙树生态科技园旅游发展总体规划 / 201

第三节　高校自行车循环利用的问题分析及解决措施——以内蒙古师范大学为例 / 212

第四节　库布齐沙漠生态治理纪实 / 228

第五节　充分发挥环保宣教部门的主力军作用 / 238

第八章　内蒙古生态文化建设的保障措施 / 249

第一节　充分认识生态文化建设的价值功能 / 250

第二节　发挥政府在生态文化建设的主导作用 / 252

第三节　强化生态文化建设的人才与科技支撑 / 255

第四节　积极营造有利于生态文化建设的社会氛围 / 258

第五节　创新生态文化建设的社会参与机制 / 260

后　记 / 267

乌兰布统夏季牧场

# 第一章

# 绪　论

文化是民族的血脉与灵魂，是经济社会发展进步的坚实根基和不竭动力。生态文明作为人类文明的一种新形态，是在生态文化指导下形成的新成果，因此，要构建生态文明社会，就要进行生态文化建设，树立生态文化核心价值观，使其成为社会的主导价值理念。生态文化是人类在工业革命之后面对严峻现实问题时的一种自我反思，是以科学的价值观为核心指导生态文明建设的文化形态，是生态文明时代的价值观和生存方式，同时更是一面旗帜，引领工业文明向生态文明转变。党的十八大以来，习近平总书记就生态文明建设提出了一系列新理念、新思想、新战略，生态文化建设已经得到了各级政府和社会各界的高度重视和认同。本章通过介绍本书的研究背景、研究意义、梳理国内外生态文化的研究现状、阐述主要内容与创新点，为更好地开展生态文化建设奠定坚实的理论基础。

# 第一节 研究背景

## 一、人类对工业文明的反思和对生态文明价值观的觉悟

马克思、恩格斯在《共产党宣言》中指出："资产阶级在它不到一百年阶级统治中所创造的生产力，比过去一切时代创造的全部生产力还要多，还要大。"[1] 从 18 世纪 60 年代算起，直到今天已有近 300 年的工业文明历史。工业文明在促进人类社会发展的同时，也使生态环境遭到前所未有的破坏，造成了诸如环境污染、气候异常、资源枯竭等一系列十分严峻的全球性生态问题，且已经大大超出了自然界自我修复、自我净化的能力，人与自然的和谐关系逐渐破裂，人类生存环境持续恶化，彼此之间的冲突及紧张状态日益加剧，严重威胁经济社会的发展，阻碍人们生活质量的提高。

从人类进化和发展的历史来看，人类文明经历了原始文明、农耕文明和工业文明三个时代。在人类历史文明进程中，任何一种文明形态都具有生命周期，如若不能创新发展，则会随着历史的进程逐渐消亡，被更先进的文明所取代。后现代主义思想家托马斯·伯里曾预言："后现代文明时代应当是生态时代。"[2] 工业文明已不能满足人类当前发展的需要，即将被新的生态文明取代。生态文明则将会是一个充分遵循人、自然及社会和谐客观发展规律，人与自然、人与人、人与社会和谐共生、良性循环、全面发展、持续繁荣的时代。

## 二、自然系统和社会系统中的困境

生态环境的急剧恶化已成为全球日益关注的焦点。最初，发达国家和地区对自然资源的过度开发导致了当地自然资源的枯竭和环境的恶化，由此开始转向相对不发达国家和国内落后地区，对它们进行资源掠夺以及环境破坏。这一系列行为加剧了落后

1 马克思，恩格斯．马克思恩格斯选集（第一卷）[M]．北京：人民出版社，1995：277.
2 大卫·雷·格里芬．后现代精神 [M]．王成兵，译．北京：中国社会科学出版社，1992：8.

国家和地区的生态危机，导致落后国家和地区的贫穷以及区域经济发展恶性循环。在人与自然、人与人之间的竞争中暴露和引发了更多的生态问题，由原来的自然系统问题转变为社会系统问题。被誉为中国学术泰斗的季羡林先生曾说过："人类自从成为人类以来，最重要的是要处理三个关系：一是人与自然的关系；二是人与人的关系，也就是人与社会的关系；三是个人内心思想、感情的平衡与不平衡的关系。"[1]工业文明带来的一系列生态问题，人们主观意识开始觉醒，重新审视生态与人类之间的血脉关系，通过对生态问题本身的反思，透视生态危机背后的文化根源，探索摆脱生态危机的文化变革之路，寻找一种新的文化来更好地适应人与社会的发展，即生态文化。正如2015年9月28日习近平主席在第七十届联合国大会讲话中指出的："我们要解决好工业文明带来的矛盾，以人与自然和谐相处为目标，实现世界的可持续发展和人的全面发展。"

### 三、培育生态文化是生态文明建设的内在要求

资源短缺、环境污染严重、生态意识薄弱仍是当今中国发展面临的瓶颈，基于对中华民族生存与发展的深刻思考和长远谋划，2003年胡锦涛同志提出"全面、协调、可持续"的科学发展观，使全社会牢固树立人与自然和谐发展的理念；2006年中共十六届六中全会审议并通过了《中共中央关于构建社会主义和谐社会若干问题的决定》；2007年党的十七大首次提出建设生态文明的重要战略任务，指出到2020年将把我国建设成生态环境良好的国家；2012年党的十八大对建设生态文明做出全面部署，确立"五位一体"总体布局，首次将"生态文明"写入党章；2013年，党的十八届三中全会首次确立了生态文明制度体系；2015年4月出台《中共中央 国务院关于加快推进生态文明建设的意见》，9月颁发《生态文明体制改革总体方案》，对生态文明建设做出顶层设计，首次提出"坚持把培育生态文化作为重要支撑"[2]；党的十八届五中全会通过《中

1 季羡林．季羡林说和谐人生[M]．北京：中国书店出版社，2008.
2 生态文明体制改革总体方案[EB/OL].http：//news.xinhuanet.com/politics/2015-09/21/c_1116632159.htm.

华人民共和国国民经济和社会发展第十三个五年规划纲要》，确立创新、协调、绿色、开放、共享的发展理念[1]，这是我国走向生态文明新时代的行动纲领，是克服生态危机、推进经济社会转型发展的文化选择，具有划时代的里程碑意义；2017年党的十九大报告在总结以往实践的基础上，提出了建设生态文明是中华民族永续发展的千年大计，必须树立和践行“绿水青山就是金山银山”的理念，坚持节约资源和保护环境的基本国策，在新时代坚持和发展中国特色社会主义基本方略的“十四条坚持”，明确提出“坚持人与自然和谐共生”，报告前所未有地提出“像对待生命一样对待生态环境”“实行最严格的生态环境保护制度”等论断，甚至提出了“打赢蓝天保卫战”的理念，报告提出了详尽的生态文明建设举措，坚定走生产发展、生活富裕、生态良好的文明发展道路，建设美丽中国，为人民创造良好生产生活环境。

21世纪必将是人类走向生态文明的新时代，也是生态文化大繁荣、大发展的时代。我们相信，在构建和谐社会的过程中，凭靠我们雄厚的生态文化根基，中国特色的生态文化必将凭借其日益重要而又独特的软实力，逐渐融入和谐社会的每一环节中，助推生态文明建设。

## 第二节　研究意义

为促进全球生态问题的解决，中国一直在持续不断地努力，从积极促成《联合国气候变化框架公约》，到习近平主席出席气候变化巴黎大会并签署《巴黎协定》，到G20杭州峰会中国与其他国家达成共识要积极推动《巴黎协定》尽快生效，再到2017年党的十九大报告提出的“积极参与全球环境治理，落实减排承诺”，中国以实际行

1　《中华人民共和国国民经济和社会发展第十三个五年规划纲要》[EB/OL]. http：//www.360doc.com/content/17/0911/13/47261213_686220091.shtml.

由于自然环境的改善，大批候鸟在迁徙过程中在科左后旗阿古拉苏木哈根嘎查的湖面歇息

动为全球生态安全做出贡献。在这样的国内外大背景下，进行内蒙古生态文化建设战略的研究，是顺应国家生态文化建设的大潮流，不仅能够丰富生态文化建设的理论内涵，为其他地区研究生态文化建设提供可资借鉴的实证范例，同时对展现内蒙古的生态魅力及文化活力具有重要的实践意义。

## 一、理论意义

### （一）有利于丰富生态文化建设的理论内涵

为解决工业文明时代以来出现的困境，学者们从不同角度、不同学科背景多维度地提出了若干见解和看法。本书立足内蒙古自治区生态文化建设的现状，以发展的眼光和动态的观点借助构建生态文化的方式，阐释人与自然和谐发展及其关系的合理性，为正确认识和理解人与自然的关系提供科学路径，进一步提升人类对生态危机困境的认知和理解深度，从研究背景、研究现状、概念界定、生态文化与生态文明之间的关系进行全面、系统梳理，研究生态文化及当代现实价值，构建人与自然和谐相处、协同发展的生态文化，对进一步完善生态文化理论的内涵、构建丰富的生态文化理论体系具有重要意义。

### （二）有利于为其他地区生态文化建设提供实证研究范例

在生态文化建设研究中，区域生态文化越来越受到学者的关注。中国幅员辽阔，如果泛泛地谈生态文化建设，提出的对策往往比较笼统，针对性不强，可操作性也相对较差。2014 年习近平总书记考察内蒙古自治区时，明确要求“内蒙古要大胆先行先试，积极推进生态文明制度建设和改革”。为贯彻落实总书记重要指示精神，内蒙古自治区先行启动“编制自然资源资产负债表、领导干部自然资源资产离任审计和生态环境损害赔偿与责任终身追究制度”三项生态文明制度改革创新试点工作，制定出台《关于加快生态文明制度建设和改革的意见》，生态文明建设加快推进。但内蒙古自治区整体生态环境比较脆弱的局面仍未根本改变，随着工业化、城镇化加快推进，产业结构优化升级艰难爬坡，人与自然和谐发展的任务更加艰巨繁重，生态建设与环境保护进入“进则全胜、不进则退”的关键时期。[1]本书通过研究，总结内蒙古自治区近些年在生态文化建设方面取得的经验成效，切实增强责任感和使命感，从战略和全局的高度充分认识加快推进生态文明建设的极端重要性，牢固树立尊重自然、顺应自然、保护自然的理念，为把内蒙古自治区建设成为我国北方重要的生态安全屏障作出不懈的努力，也为其他地区开展生态文化建设提供可资借鉴的实证研究范例。

## 二、实践意义

### （一）有利于提升人们生态文化意识，营造生态文化氛围

20 世纪 30 年代美国学者利奥波德在《大地伦理学》中提出：没有生态意识，权利以外的义务就是一种空话。只有不断弘扬生态文化，进行生态文化建设，加深人们对生态文化与社会可持续发展关系的认知程度和理解深度，全面提高人类的生态意识和生态价值观，在全社会从思想文化层面上树立人与自然和谐的价值观，使生态文化价值观渗透并融入经济、政治、文化和社会建设的各个领域，才能推动形成人与自然相适应、经济社会发展与资源环境承载力相协调的思维方式、进步方式和存在方式，促进社会迈向生产发展、生活宽裕、生态良好的文明发展道路，构建生态文化建设的新局面。

### （二）有利于弘扬草原生态文化，提升内蒙古文化软实力

自古以来，生活在草原上的人们对生态环境的脆弱与自然资源的珍贵有着深切的感受，形成了人与自然共生互利、和谐相处的良性互动关系，创造了与草原自然环境相适应的草原生态文化，为内蒙古生态环境保护和可持续发展提供了可资利用的宝贵资源。通过开展形式多样、内容丰富的活动，为文化发展营造良好的舆论氛围，力图宣传草原生态文化，调动社会各界和人民群众参与生态文化发展的积极性、创造性和自觉性，促进生态文化融入社会发展的全过程，弘扬社会主义先进文化主旋律，把握先进文化主流方向，提升本地区的文化软实力。

---

1　内蒙古自治区党委　自治区人民政府关于加快推进生态文明建设的实施意见 [R]. 内蒙古自治区人民政府办公厅，2015.

### （三）有利于推动地区经济绿色增长，实现发展与保护双赢

自治区党委书记李纪恒在自治区第十次党代会上所作的报告中指出："绿色是内蒙古的底色和价值，生态是内蒙古的责任和潜力，要全面推进绿色发展，像保护眼睛一样保护生态环境，像对待生命一样对待生态环境，进一步筑牢我国北方重要生态安全屏障。"伟大的实践需要有科学的理论来指导。生态文化既是实践发展的结果，同时也是实践进一步发展的需要。通过本书研究，期望在全社会不断弘扬生态文化，让绿色价值观深入人心，吸纳更多的资金、凝聚更多的力量建设生态产业，顺利完成经济结构的调整和发展方式的转变，努力构建人与自然和谐发展的现代化产业新格局，使青山常在、绿水长流、蓝天永驻，打造更加亮丽的祖国北部边疆风景线，从根本上推动我国经济社会绿色转型发展。

## 第三节 国内外研究概况

### 一、国外研究概况

欧美一些发达国家最先感受到现代工业文明和科技泛滥带来的种种生态危机，因此"现代生态文化"这一概念最早在国外被提出。面对生态危机，特别是一些有识之士开始对人与自然生态关系重新思考、再探索，并以不同的方式表达自己的思考成果。很多国外学者认为生态文化就是生态文明。因此，在总结国外学者对生态文化的研究时，也把生态文明的相关研究文献及成果涵盖其中。

在国际上，从文化角度对生态问题加以研究早已有之，如西方很早就有了文化生态学派。1918 年，德国学者斯宾格勒在《西方的没落》中把生态与文明的存亡联系起来研究；1949 年，美国学者福格特在《生存之路》中强调人类要维护和恢复生态平衡；1955 年，美国人类学家、文化生态学理论与方法的创造者朱利安·斯图尔德在《文化

变迁的理论》中提出：文化生态学是研究文化与生态之间关系的学问。

20 世纪 60 年代以后，世界上许多国家相继展开了对生态的多角度研究，涉及经济、政治、教育、科技、消费、城市建设等各个层面。1962 年日本的梅棹忠夫发表《文明生态史观》，从生态学关于主体和环境相互作用的理论模式解释人类社会的文明史，同年蕾切尔·卡逊出版《寂静的春天》，揭开了生态问题的序幕，也被看成现代生态文化的发端；1972 年由丹尼斯·米都斯指导的小组完成了报告《增长的极限》，同年，在瑞典斯德哥尔摩召开人类环境会议，国际社会第一次就生态问题发表了《人类环境宣言》，成为世界各国未来 20 年的环境保护的行动指南；1987 年世界环境与发展委员会在《我们共同的未来》报告中第一次阐明可持续发展的概念，得到国际社会的广泛认同；1991—2011 年，《里约环境与发展宣言》《21 世纪议程》《京都议定书》《千年宣言》等相继发布；2005 年联合国纽约总部启动“联合国教育促进可持续发展十年计划（2005—2014）”；2007 年，联合国森林论坛（UNFF）第七届会议通过《国际森林文书》，形成了森林对实现千年发展目标的国家行动和国际合作框架；2015 年 8 月 2 日，联合国 193 个成员国通过了《变革我们的世界：2030 年可持续发展议程》，确立了全球可持续发展的基本要素和原则；2015 年 12 月 12 日，《联合国气候变化框架公约》缔约方 196 个国家的谈判代表通过了《巴黎协定》。

国外虽无生态文化建设的明确提法，但其致力于使“人与自然和谐共存、人与自然协调发展”的理念深入人心的实践却在社会生产生活的各个方面持续地开展。目前，已有越来越多的高新科技融入生态文化建设的相关实践中，如水的循环处理、雨水的收集与利用、水体净化、节能与生态建筑材料的应用、垃圾的分类处理与废物利用以及多媒体展示技术等。另外，生态休闲产业也越来越多地融入生态文化建设中，特别是生态旅游业的兴起，开阔了以往户外自然游憩体验的新思路，诠释和开发了生态旅游景区及其相关附属产品，丰富了生态旅游的内涵及开发的形式，提升了生态旅游产业的文化内涵，拉动了经济绿色增长。国外的生态文化建设取得了较为丰硕的成果。

## 二、国内研究概况

伴随着我国快速的工业化进程，生态环境的恶化令人触目惊心，建设生态文化、实现生态文明、走可持续发展道路是历史的必然选择。在我国，马克思主义理论的指导地位决定了我们的社会科学研究必须以马克思主义为指导思想，因此学者们把马克思主义思想和生态和谐的思想构建联系起来，从各自不同的视角探讨生态文化建设的实践问题，总结在生态文化建设过程中取得的经验和遇到的问题，同时就相关问题达成共识，提出了各自观点，发表了一系列专著和论文。

笔者运用中国知网，选取1998—2018年21年作为检索的时间范围，为提高检索的准确度，以“生态文化建设”为主题和篇名，共检索到3 246篇相文献资料，具体分布情况如图1–1所示。通过对图的分析，首先，发现国内学者对生态文化建设的研究始于2000年，从2007年党的十七大第一次把“生态文明”写入党代会报告开始，生态文化建设研究尤如雨后春笋般丰富多彩，尤其是2012年党的十八大首提“美丽中国”，将生态文明纳入“五位一体”总体布局，关于这方面研究的文献资料达到近几年研究的顶峰。其次，发现这方面的课题较多是有国家社会科学基金的支持，涉及中国林业科学院、辽宁省社会科学院、原国家林业局、东北林业大学等研究机构，关键词多为生态文明、生态文明建设、可持续发展等。

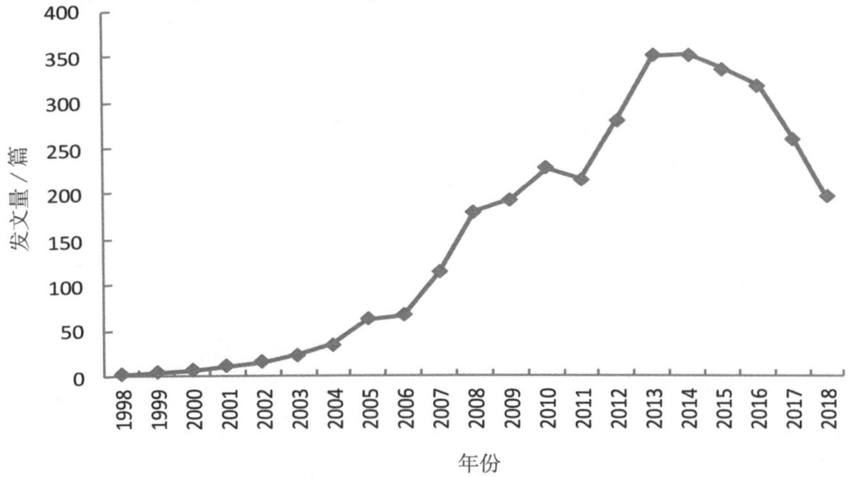


图1–1 以“生态文化建设”为主题和篇名搜到的文献分布情况

鄂托克旗

为更好地了解国内生态文化方面的研究现状，本书主要涉及生态文化内涵研究、生态文化构成研究、生态文化与生态文明的关系研究及生态文化建设研究四个方面。

**（一）生态文化内涵研究**

环境问题不断恶化、生态危机日益严重的社会总体背景，促使我国学术界逐渐关注生态文化问题。学者任永堂在《生态文化：现代文化的最佳模式》论文中指出：文化发展经历了原始文化、传统文化及现代文化三个阶段，现代文化阶段可看作生态文化阶段。[1]此后，张蓬在发表的《“生态文化”元理论问题检视》论文中指出：“生态文化”不仅仅是文化的问题，更是经济政治的问题，人类需要在某种具体的经济与政治的境遇中，做出应该（应然）的选择。[2]江泽慧认为：生态文化是一种社会现象，是人们长期创造形成的产物；又是一种历史现象，是社会历史的积淀物。广义的生态文化是指人类历史实践过程中所创造的与自然相关的物质财富和精神财富的总和。狭义的生态文化是指人与自然和谐发展、共存共荣的意识形态、价值取向和行为方式等。严耕认为：广义的生态文化是人类在生态危机的时代背景下，在反思现代工业文化模式所造成的人与自然对立的矛盾基础上，从物质、制度和精神三个层面进行改善，以逐渐达成人与自然和谐相处为目的的一种新型的人类根本生存方式或样法。同时他也从起源、内涵、过程上对其加以了诠释，他认为：“从起源上，生态文化是人类在生态危机的时代背景下本质力量的再次觉醒；在内涵上，生态文化呈现了人类一种新的根本生存方式；在过程上，生态文化表现为对给定的现代工业文化模式的超越；在结果上，生态文化表现为人类在一种生态的生产生活方式中所创造的物质的、制度的、精神的一切事物的总和。”

**（二）生态文化构成研究**

白光润认为：生态文化这一术语中“文化”是主题词，即在自然环境影响下的特色文化。他将生态文化划分为诸多方面，一是物质文化，主要是第一性生产（农、牧、渔业）的生产形式、传统工艺、作物、畜牧产品、初级制成品、建筑等；二是行为文

---

1　任永堂．生态文化：现代文化的最佳模式 [J]. 求是，1995（2）：7-9.
2　张蓬．“生态文化”元理论问题检视 [J]. 江海，2003（2）：46-59.

化，即具有地域环境特色的饮食文化、服饰文化、居住文化、生活习俗、礼仪方式等；三是精神文化，即环境特色鲜明的文学艺术风格、宗教信仰等。对生态文化的基本理论定位决定了生态文化的主要构成，因此，余谋昌先生认为作为一种新的文化选择，生态文化主要表现在三个层次："第一，生态文化的制度层次的选择；第二，生态文化的精神层次的选择；第三，生态文化的物质层次的选择。"该生态文化层次的划分，也得到了国内其他学者的普遍认可和响应。学者李秀艳在《对中国生态文化发展现状的反思》一文中，就是从"精神形态层次、制度形态层次和物质形态层次"三个方面来反思我国生态文化的发展现状的。

**（三）生态文化与生态文明的关系研究**

鄂云龙在《生态文明与生态文化的关系》一文中指出：生态文化是生态文明的基础，没有生态文化的发展，无法形成生态文明。在生态文明建设的大背景下，生态文化是生态文明建设的核心。生态文明建设需要生态文化的引领和支撑，除了进行生态文明的制度建设之外，还需要进行生态文明的文化建设，形成一种与生态文明相适应的新文化。

**（四）生态文化建设研究**

国内对生态文化建设的研究主要分为三个层面：一是区域范围的生态文化建设研究，二是市域范围的生态文化建设研究，三是具体场所的生态文化建设研究。在区域尺度下，对省或城市群的生态文化建设的研究较多，如对海南生态文化建设的研究、对青海生态文化建设的研究、对长株潭城市群生态文化建设的研究等，但这些研究均是构想性的对策研究，未涉及具体的实际操作层面的措施。以某个具体城市或市域范围为对象展开的生态文化建设的研究较多，例如，王延庆以莱州市为研究对象、华章琳以青岛市为研究对象、黄文雯以贵港市为研究对象、李玉清以贺州市为研究对象等。这些研究，虽都是以城市或市域范围为研究对象，但所针对的内容是不同的。对具体场所生态文化建设的研究，主要集中于园林生态文化建设、森林生态文化建设、湿地生态文化建设、社区生态文化建设、校园生态文化建设、企业生态文化建设。甚至有学者指出：依据生态文化载体的不同功能，可以将生态文化建设的内容体系划分为生态文化感知体系、生态文化教育体系、生态文化活动体系、生态文化产品体系。

随着党的十七大提出建设生态文明以来，生态文化问题逐渐受到学术界重视，目前已取得诸多具有价值的研究成果，也积累了大量的具有价值的宝贵经验。但是，纵观国内外对于生态文化建设的研究情况，我国的生态文化研究与建设仍然存在诸多问题。例如，理论层面探讨多、应用层面实践少，宏观性框架策略多、针对性策略少等。我们还有许多理论和实践需要继续拓展和深化。

## 参考文献

[1] 爱德华•泰勒 . 原始文化 [M]. 连树声，译 . 上海：上海文艺出版社，1992：17

[2] 大卫•雷•格里芬 . 后现代精神 [M]. 王成兵，译 . 北京：中国社会科学出版社，1992：8.

[3] 费孝通 . 乡土中国 [M]. 上海：生活•读书•新知三联书店，1985：17.

[4] 郭家骥 . 生态文化与可持续发展 [M]. 北京：中国书籍出版社，2004：7.

[5] 蒋明君 . 生态安全学导论 [M]. 北京：世界知识出版社，2012：54.

[6] 马克思，恩格斯 . 马克思恩格斯选集（第一卷）[M]. 北京：人民出版社，1995：277.

[7] 奈杰尔•拉波特，乔安娜•奥弗林 . 社会文化人类学的关键概念 [M]. 鲍雯妍，张亚辉，译 . 北京：华夏出版社，2005：79.

[8] 史蒂文•瓦戈 . 社会变迁 [M]. 王晓黎，等译 . 北京：北京大学出版社，2007：191.

[9] 谭大友 . 中国生存智慧 [M]. 北京：人民出版社，2014：79.

[10] 涂可国，刘廷善 . 荀子思想研究 [M]. 济南：齐鲁书社，2015：521.

[11] 王欢 . 小欢的论语 [M]. 北京：东方出版社，2013：95.

[12] 亚里士多德 . 形而上学 [M]. 吴寿彭，译 . 北京：商务印书馆，1959：5.

[13] 余谋昌 . 文化新世纪——生态文化的理论阐释 [M]. 哈尔滨：东北林业大学出版，1996：3.

[14] 白应华 . 培育绿色生态文化，推动普洱绿色发展 [J]. 普洱学院学报，2017（4）：1–6.

[15] 陈璐 . 试析生态文化的内涵及创建 [J]. 广西社会科学，2011（4）：148–151.

[16] 陈彩棉 . 生态文化：内涵、意义与建构 [J]. 中共福建省委党校学报，2010（8）：89–93.

[17] 陈洪波，潘家华．我国生态文明建设理论与实践进展 [J]. 中国地质大学学报，2012（9）：13–17.

[18] 曹淑琴．中国经济可持续增长的约束条件与发展对策 [J]. 新西部，2010（11）：40.

[19] 顾成林．生态文明之路始于生态文化自觉 [J]. 福建农林大学学报，2013（3）：84–87.

[20] 黄志斌，姚灿，王新．绿色发展理论基本概念及其相互关系辨析 [J]. 自然辩证法研究，2015（8）：108–113.

[21] 生态文明体制改革总体方案 [EB/OL].http：//news.xinhuanet.com/politics/2015–09/21/c_1116632159.htm.

[22] 中华人民共和国国民经济和社会发展第十三个五年规划纲要 [EB/OL].http：//www.360doc.com/content/17/0911/13/47261213_686220091.shtml.

翩跹

# 第二章

# 生态文化的内涵与现实价值

2015 年，中共中央、国务院出台的《关于加快推进生态文明建设的意见》明确指出：“积极培育生态文化、生态道德，使生态文明成为社会主流价值观，成为社会主义核心价值观的重要内容。”生态文化作为生态文明时代的主流价值观，首先应该明晰生态文化的具体内涵以及现实价值，这对于内蒙古自治区生态文化建设具有重要意义。本章首先对在生态文化建设中的一些容易混淆的概念进行界定；其次厘清生态文化的基本内涵以及基本特征，以便更好地区别生态文化与生态文明之间的辩证关系；最后落脚在内蒙古自治区，重点分析在内蒙古自治区开展生态文化建设的现实价值。

## 第一节 相关概念辨析

### 一、生态

对生态的理解是正确认识生态文化的前提。生态与生态学密切相关，“生态学”一词源于希腊文“oikos”（原义为房子、住处或家务）和“logos”（原义为学科或讨论），从字义上理解，生态学是研究生物住处的科学。1866年，德国动物学家恩斯特·海克尔在《有机体的一般生态学》中，首次把生态学作为一个学科名词提出来，他认为生态学是研究生物与其环境相互关系的科学[1]。美国生态学家奥德姆在1956年对生态学的定义是：生态学是研究生态系统结构和功能的科学。

我国生态学家马世骏先生认为生态学是研究生命系统和环境系统相互作用、相互关系的科学。换言之，生态学就是一门研究自然生态系统和人类生态系统相互作用和相互促进关系的学科。生态学理论包括关键种、食物链及食物网、生态位、生态系统多样性及生态系统耐受性理论。其中，生态系统耐受性理论作为生态学的一个重要理论，认为生态系统如同生命体一样，有着自我维持和自我调节的能力。如果某生态因子或经济因子的变化作用于生态系统时，没有超过生态系统的耐受限度，那么便会在各因子的相互反馈调节下得到补偿，保证其能量、物质转化率得到提高；相反，如果一旦人类的经济活动超过生态系统的承受能力，那么自然环境就会恶化。

笔者认为，生态具有广义和狭义之分。就广义而言，生态是指一切有生命的物体的生存与发展的条件，它可以指自然环境，也可以指社会环境；就狭义而言，生态是指影响人类生存、发展的各种天然和经人工改造的自然因素，包括地理位置、地势、气候、土壤、江河、矿藏以及动植物资源等，生态就是自然或自然环境，也可以叫作生态环境或自然生态环境。

---

1 林祥磊．梭罗、海克尔与“生态学”一词的提出［J］．科学文化评论，2013（2）：18-28.

## 二、文化

人类的文化从诞生伊始，便与自然生态紧紧结合在一起，不可分离。文化一般被认为是19世纪末从日语转译过来的，其源出于拉丁文“culture”。文化在西方语言中意为：“耕作”，引申为教育、培养、个人素养、社会知识等含义。英国学者爱德华·泰勒在《原始文化》中第一次给文化定义：“文化或者文明就其广泛的民族学意义来说，是包括全部的知识，信仰、艺术、道德、法律、风俗以及作为社会成员的人所掌握和接受的任何其他的才能和习惯的复合体。”[1]美国学者史蒂文·瓦戈则认为：“文化这个词指的是社会成员共享的一整套知识、信仰、态度和行为规则。”[2]英国学者奈杰尔·拉波特和乔安娜·奥弗林于1999年将文化界定为：“文化指的是系统协调的整体，是由知识、信仰、价值观念和实践构成的一个稳定共享的体系。”[3]

“文化”一词，在中国古代本指“以文教化”，与武力、征服相对应，即所谓“文治武功”。然而，也有单指用文化去教化、去感染、去熏陶对象的。孔颖达在《周易正义》中解释道：“观乎人文以化成天下，言圣人观察人文，则诗书礼乐之谓，当法此教而化成天下也。”[4]《现代汉语词典》给文化定义为：“人类在社会历史发展过程中所创造的物质财富和精神财富的总和，特指精神财富，如文学、艺术、教育、科学等。”

截至目前，关于文化是什么的问题，国内外学者已给出无数的回答，因而对文化的定义也就仁者见仁、智者见智、纷繁多样。笔者认为文化涉及人类生活的各个领域，现在我们所用的文化概念，大致认为是文化概念，是文化主体经验感悟和现实印象的知性转化与意识的结晶，渗透着人的生存态度、观念取向、利害趋避等丰富的价值内容。广义的文化是指人类创造的并可以通过学习获得的一切物质成果和精神成果，分为物质文化、制度文化和精神文化三个层次，包含人类生活的全部，从衣食住行、生活方式到思维习惯、人格情操。狭义的文化包括风俗习惯、行为模式、道德风尚、审美情

1 爱德华·泰勒．原始文化［M］．连树声，译．上海：上海文艺出版社，1992：17.
2 史蒂文·瓦戈．社会变迁［M］．王晓黎，等译．北京：北京大学出版社，2007：191.
3 奈杰尔·拉波特，乔安娜·奥弗林．社会文化人类学的关键概念［M］．鲍雯妍，张亚辉，译．北京：华夏出版社，2005：79.
4 李广柏．中国历史上的人文主义思潮［J］．华中师范大学学报，2001（7）：100-108.

趣等文化形式，是以理论系统形态存在的社会意识形态等精神文化现象和深层次的思维方式和价值观念。

## 三、绿色发展

王玲玲、张艳国在《绿色发展内涵探微》一文中认为：所谓绿色发展，是在生态环境容量和资源承载力的制约下，通过保护自然环境实现可持续科学发展的新型发展模式和生态发展理念[1]；沈满洪在《绿色发展及相关概念辨析》一文中指出：绿色发展针对生态危机和环境危机，既要求生态建设和环境保护，又要求资源节约和高效利用，旨在建设环境友好型社会[2]；邬晓燕在《绿色发展及其实践路径》一文中认为：绿色发展是对传统发展道路的一种模式创新，是可持续发展的理论深化和实践推进[3]；黄志斌、姚灿、王新在《绿色发展理论基本概念及其相互关系辨析》一文中认为：绿色发展是人与自然日趋和谐、绿色资产不断增殖、人的绿色福利不断提升的过程[4]；白应华在《培育绿色生态文化，推动普洱绿色发展》一文中认为：绿色发展关键在于生产方式和生活方式的转变，核心是人的价值观念的根本转变[5]。

笔者认为，绿色发展是在生态环境容量和资源承载力的制约下，通过保护生态环境，以建设资源节约型、环境友好型社会为目标，以绿色技术为支撑，走协调经济发展与环境保护，促进生态文明建设的科学发展道路，是实现可持续发展的新型发展模式，是指导我国“十三五”时期甚至更为长远发展的五大科学发展理念之一。从内涵看，绿色发展是在传统发展基础上的一种模式创新，将环境保护作为实现可持续发展重要支柱的一种新型发展模式。具体包括以下三个要点：一是绿色发展将环境资源作为社会经济发展的内在要素；二是绿色发展把实现经济、社会和环境的可持续发展作为绿色发展的目标；三是绿色发展把经济活动过程和结果的“绿色化”“生态化”作为绿

1 王玲玲，张艳国．绿色发展内涵探微 [J]. 社会主义研究，2012（5）：143-146.
2 沈满洪．绿色发展及相关概念辨析 [J]. 文汇报，2017（6）：1.
3 邬晓燕．绿色发展及其实践路径 [J]. 北京交通大学学报，2014（7）：97-101.
4 黄志斌，姚灿，王新．绿色发展理论基本概念及其相互关系辨析 [J]. 自然辩证法研究，2015（8）：108-113.
5 白应华．培育绿色生态文化，推动普洱绿色发展 [J]. 普洱学院学报，2017（4）：1-6.

色发展的主要内容和途径。

## 四、可持续发展

可持续发展最早在1980年被提出，是一种全新的发展战略和发展理念，是注重长远发展的经济增长模式，同时也是科学发展观的基本要求之一。以生态经济理论为核心的可持续发展研究一度成为科学界研究的主流和前沿。[1]

1987年，世界环境与发展委员会发布的《我们共同的未来》，将可持续发展定义为：

1　彭子恒，王宇欣，蔡菲菲．井冈山市生态经济系统可持续发展研究 [J]. 安徽农业科学，2011，39（33）：20732-20733.

既能满足当代人的需要，又不对后代人满足其需要的能力构成危害的发展[1]。1989 年，联合国环境发展会议专门为“可持续发展”的定义和战略通过了《关于可持续发展的声明》，认为可持续发展的定义和战略主要包括四个方面的含义：走向国家和国际平等；要有一种支援性的国际经济环境；维护、合理使用并提高自然资源基础；在发展计划和政策中纳入对环境的关注和考虑。[2]这一理论的提出既满足了人类自身需要又不损害自然环境，同时也克制了人类对物质财富过度追求的欲望，得到国际社会的广泛认同，成为积极践行绿色、低碳、节约、环保消费模式的理论基石。

可持续发展理论经历了漫长的形成过程，从最初的理论诠释到最终的实践应用，可持续发展的内容和体系也更加丰富和完整，更具包容性和开放性。笔者认为，可持续发展是建立在社会、经济、人口、资源、环境相互协调和共同发展的基础之上的一种发展，重点强调人类在发展过程中应该合理利用自然资源、保护好生态环境，使人类社会的今天与明天、当代人与后代人得到公平发展。可持续发展战略的实施，核心和基石是人与自然和谐发展，需要世界各国联合行动，共同承担保护全球环境的责任与使命，进而达到良好的生态环境来支撑经济社会全面持续发展的最终目标。

## 五、生态文明

保罗·伯翰南在 1971 年发表的《超越文明》中预见了一种“后文明”即将出现，但没有指明这种“后文明”将是一种什么形式[3]。1995 年，美国学者罗伊·莫里森在《生态民主》一书中将生态文明定义为工业文明之后的一种文明形式。

党的十六大报告明确指出：我国全面建设小康社会的一项重要目标，就是要走“可持续发展能力不断增强，生态环境得到改善，资源利用效率显著提高，促进人与自然的和谐，推动整个社会走上生产发展、生活富裕、生态良好的文明发展道路”，生态文明发展第一次被载入了党的正式文献中。党的十七大第一次把“建设生态文明”写

1 王南林．可持续发展战略和环境伦理学产生过程的共同性研究 [J]．中国人口·资源与环境，2002（5）：17-19.
2 曹淑琴．中国经济可持续增长的约束条件与发展对策 [J]．新西部，2010，11：40.
3 陈洪波，潘家华．我国生态文明建设理论与实践进展 [J]．中国地质大学学报 ，2012（9）：13-17.

进报告中，并将生态文明与物质文明、精神文明和政治文明并列，作为我国建设小康社会的重要目标。基于对中华民族生存与发展的深刻思考和长远谋划，党的十八大确立了“五位一体”的中国特色社会主义事业总体布局，提出要把生态文明建设放在突出位置，融入经济建设、政治建设、文化建设、社会建设各个方面和全过程，努力建设美丽中国，实现中华民族永续发展。党的十八届三中全会提出深化生态文明体制改革，加快建立生态文明制度。2015 年 4 月和 9 月，中共中央、国务院先后印发《关于加快推进生态文明建设的意见》《生态文明体制改革总体方案》，对生态文明建设作出顶层设计。党的十八届五中全会通过了《中共中央关于制定国民经济和社会发展第十三个五年规划的建议》，确立了创新、协调、绿色、开放、共享的发展理念，这是我国走向生态文明新时代的行动纲领和克服生态危机、推进经济社会转型发展的文化选择和深刻变革，具有划时代的里程碑意义。2017 年，党的十九大也指出要加快生态文明体制建设，建设美丽中国。

所谓生态文明，是以知识经济为基础、以信息时代为主要特征、以可持续发展为模式的人类文明的一种形式，其脱胎于工业文明，是在其科技成果上对其的扬弃，是相对于农业文明、工业文明、后工业文明而言的一种新型的文明形态。笔者认为，生态文明是人类在生产和生活实践中协调、处理人与自然生态环境和人与社会生态环境关系的积极成果，是实现生态系统的良好运行，使人类社会实现全面、协调可持续发展，最终使人类自身得到进步和完善的文明形态。生态文明作为现代文明的高级形态，标志着人性的完善、社会的成熟，昭示着人与自然和谐共生关系的建立，意味着人与自然的关系达到了一个更高的文明程度。一系列党和国家领导人的战略思想更加明确了社会主义生态文明建设的总体方向，也将生态文明建设提升到了一个崭新的高度。

## 第二节 生态文化的内涵与特征

生态文化是生态文明的思想和理论基础，也是生态文明建设的核心和灵魂，生态文化引领和支撑生态文明建设。习近平总书记指出“山水林田湖是一个生命共同体，人的命脉在田，田的命脉在水，水的命脉在山，山的命脉在土，土的命脉在树”，道出了生态文化关于人与自然生态生命生存关系的思想精髓。深入理解并把握生态文化相关内涵及主要特征等理论问题，是研究内蒙古自治区生态文化建设的基本环节，有助于提高、增强对后面章节的认识和理解，并发挥理论对实践环节的指导作用。

蓝天碧水大草原

## 一、生态文化内涵

不同的文明时期形成了不同的文化形态。在农业文明——黄色文明时期，形成了农耕文化；在工业文明——黑色文明时期，形成了征服文化；生态文化不是人类凭空想象出来的，而是在对地球生态环境的生态适应过程中创造出来的，是适合人类生存环境的文化形式，因此，在生态文明——绿色文明时期，形成了生态文化。

随着环境的日益恶化，20 世纪 90 年代以后，学术界开始重视文化与生态环境之间关系的研究，许多学者开始从人类对生态环境的适应角度去理解文化、界定文化，生态文化也便逐渐进入人们视野。“生态文化”一词由罗马俱乐部创始人佩切伊博士在 1984 年发表的《21 世纪的全球性课题和人类的选择》一文中率先提出，他认为：人类通过科学技术榨取了生物圈，但最终却破坏了未来的生活基础，人类自救的唯一现实途径就是进行一场文化革命，形成一种新的文化形式，即生态文化[1]。生态文化传入中国是在 20 世纪 80 年代，由学者余谋昌最早提到，他在《生态文化是一种新文化》中解释说：生态文化作为一种有利于生态环境和自然资源可持续发展的人类生存方式，有广义和狭义之分。狭义的理解是，以自然价值论为指导的社会意识形态、人类精神和社会制度；广义的理解是，以自然价值论为指导的人类新的生存方式，即人与自然和谐发展的生产方式和生活方式，并对生态文化在制度层次、精神层次和物质层次的体现做了进一步阐释[2]。

陈彩棉在《生态文化：内涵、意义与建构》一文中认为：生态文化就是我们党基于人类与自然关系的深度思考，通过对我国传统文化生态观念的继承以及对人类生态学等相关科学研究成果的借鉴，所进行的一次文化创新。它以实现人、社会、自然相互之间和谐协调、共生共荣、共同发展的新型关系这一生态价值观为核心，以生态意识和生态思维为主体建构而成的一个全新的文化体系[3]。陈璐在《试析生态文化的内涵及创建》一文中认为：从哲学的视角看，生态文化是兼顾自然之本体基础地位与人之

1 顾成林．生态文明之路始于生态文化自觉［J］．福建农林大学学报，2013（3）：84-87.
2 余谋昌．生态文化是一种新文化［J］．长白学刊，2005（1）：99-104.
3 陈彩棉．生态文化：内涵、意义与建构［J］．中共福建省委党校学报，2010（8）：89-93.

世界价值中心地位，且与生态文明相适应的一种文化形态[1]。穆艳杰、李忠友在《从哲学的视角解析生态文化内涵》一文中指出：生态文化是以有机联系的系统论世界观为基础，以社会生态系统和自然生态系统作为生态主体的生态价值观为取向，以重视生命和挚爱自然的生态文明伦理观为原则，以寻求人与自然的共同发展为主旨的文化[2]。

从基本思想来看，笔者认为生态文化是生态与文化的有机结合，主旨人与自然和谐共生、协同发展的文化，具有广义和狭义之分。广义的生态文化是人类在处理人与自然关系中形成的一种文化，是在自然环境影响下的特色文化，体现为人们对自然生态的思想观念、物质生产方式及生活方式。狭义的生态文化是一种社会文化观念，是人类对自然以及人与自然相互关系的各种思想观念，如生态哲学观、生态伦理观、生态文学等。

从功能和价值上来看，生态文化是生态文明时代的价值观和生存方式。人类中心主义仅关注人类价值，漠视自然价值，最终导致生态环境恶化、自然资源枯竭、生态灾难频繁，严重阻碍人类社会的继续发展。然而生态文明时代的生态文化强调人与自然的和谐发展，以“天人合一，道法自然”的生态智慧，“厚德载物，生生不息”的道德意识，“仁爱万物，协和万邦”的道德情怀，“天地与我同一，万物与我一体”的道德伦理，把人与自然的关系作为研究的一个基本问题或基本方向，反对单纯以人为尺度或以自然为尺度来观察世界、解释世界，主张以人与自然和谐为尺度来观察世界、解释世界，从而改造世界，开拓了人文关怀与生态关怀相统一的人类审美视野，树立了人类的行为规范，引导人类追求更好的生存环境，成为生态文明时代的主流价值观和生存方式。

从内在逻辑结构和层次上来看，生态文化是集生态物质文化、生态精神文化、生态制度文化于一体的、系统的、先进的文化。生态文化是人类文化系统中的一个子系统，是人类在适应自然、改造自然的过程中逐步形成的反映人与自然互动关系的物质和精神成果的总和，也是以生态理论方法为指导形成的生态物质文化、生态精神文化及生

---

1　陈璐．试析生态文化的内涵及创建［J］．广西社会科学，2011（4）：148-151.
2　穆艳杰，李忠友．从哲学的视角解析生态文化内涵［J］．东北师范大学学报，2016（4）：93-97.

态制度文化的总称。生态物质文化即代表人类对生态环境产生作用的能力，是生态文化的有形体现；生态精神文化则是人们在生产和生活中的生态伦理道德标准，是一种生态价值观；生态制度文化则包括政府为了保护生态环境而制定的法律、法规及具体政策。

## 二、生态文化特征

生态文化作为文化范畴中人与自然关系最具生命力的文化形态，不仅具有文化的所有特征，还具有独特的历史继承性、战略前瞻性、全球全民性、层次系统性、规则约束性以及包容多样性。

### （一）生态文化具有历史继承性

中华文化在历史传承、发展、创新中，一脉相承。中华民族的优秀文化中蕴含着丰富的生态文化思想，生态文化与中华传统文化天人合一的自然观一脉相承，具有历史延续性。孔子曾讲道："天何言哉？四时行焉，百物生焉，天何言哉"[1]，儒家认为"天"即自然界，有着独立不倚的运行规律。荀子提出："不夭其生，不绝其长"[2]，特别重视要顺应、尊重自然规律。老子提出："道大，天大，地大，人亦大，域中有四大，而人居其一焉"[3]，宇宙间人和万物有着平等的地位。宋明理学强调"天人一理"，认为这是人生全部和谐的现实基础。《吕氏春秋》一书中反对"竭泽而渔"，提倡善用资源。《齐民要术》一书中提出：顺天时，量地理，则少用力而减功多[4]。总之，古代劳动人民形成的丰富且各具特色的天人协调思想，已成为今天我们生态文化建设的重要哲学理论基石。因此，生态文化的提出并非凭空产生，而是受传统生态文化思想的影响，在原有文化基础之上衍生、外化出来的，是传统生态文化的进一步发展，具有历史延续性。

1　王欢．小欢的论语［M］．北京：东方出版社，2013：95.
2　谭大友．中国生存智慧［M］．北京：人民出版社，2014：79.
3　涂可国，刘廷善．荀子思想研究［M］．济南：齐鲁书社，2015：521.
4　蒋明君．生态安全学导论［M］．北京：世界知识出版社，2012：54.

天下第一敖包

### （二）生态文化具有战略前瞻性

当前，人口、资源、环境及发展之间的矛盾日益尖锐，为了使环境的变化朝着有利于人类文明的方向发展，人类必须调整自己的文化来修复由于旧文化的不适应而造成的环境恶化，创造经济发展和环境保护和谐共进的新文化，即生态文化。作为时代进化的产物，生态文化是在自然资源枯竭、环境污染日益严重、生态危机影响到人类生存发展的时代背景下提出来的，因而生态文化的一个重要特征就是具有时代发展的战略前瞻性。生态文化主张人与自然和谐共生，是适应当前社会发展需要的新文化，是生态文明时代特定的文化形态，是引导社会建设与发展的内生力，是新时代主流文化的重要标志。

### （三）生态文化具有全球全民性

在多样的生物世界里，人是生态文化的创造主体。费孝通认为“文化是依赖象征体系和个人的记忆而维持着的社会共同经验”[1]，文化不属于某个特定的国家、地域或者民族。生态文化的本质是社会群体精神，是历经人与自然关系演变，在世界范围内兴起的，是全人类共同的追求，具有全球性和全民性特征。随着经济全球化、一体化进程的加快，世界各国环保交流活动日益频繁，这就要求世界各国从全球的角度出发，深刻领悟生态文化的思想内涵，逐步强化生态文化意识，认真践行生态文化举措，共同保护我们的生态环境。

### （四）生态文化具有层次系统性

生态文化是人与自然和谐发展的系统文化，坚持以全面审视人类社会的发展问题为出发点，以整体主义思维处理人与自然、人与社会以及人与人之间的关系。生态文化是集生态学、经济学、文化学、社会学和其他自然和社会科学学科之大成的文化，是立足大自然和人类发展全局的综合性研究，追求生态、经济、社会发展内在规律的有机统一，具体包括生态物质文化、生态制度文化、生态精神文化等几个层次，具有系统层次性，它们不是孤立存在、独立发挥作用的，而是相互联系、相互影响的。

---

1 费孝通. 乡土中国 [M]. 上海：生活・读书・新知三联书店，1985：17.

### （五）生态文化具有规则约束性

生态文化依靠外部的规范、隐含的形式来引导和约束人的行为，具体表现为生态伦理文化，它是人们建立在对某种环境价值观念认同基础之上维护生态环境的道德观念和行为要求。生态文化不仅包含着在处理人与人、人与自然、人与社会之间关系时的行为规范，还蕴含着对道德和行为规范的哲学思考。生态文化的规则约束性，要求我们努力践行生态文化的相关制度要求，尊重自然、顺应自然、保护自然，努力建设一个和谐的社会。

### （六）生态文化具有包容多样性

中华文化以海纳百川、有容乃大的胸怀开创了让世界赞叹的生命智慧和文明成果，正是文化的包容性造就了中华文化的多样性，因此，生态文化也具有包容性。生态文化的包容性源于人类共有的生态环境、生态系统、民族经济及其文化的多样性，冲破了地域、民族间的差异，在尊重差异、包容多样的基础上大繁荣、大发展，逐步走向共存、共荣、和谐。生态文化的包容性不仅体现在人类行为的各个发展阶段中，还贯穿在人类思想意识中。这一特征要求我们在生态文化建设过程中需尊重地方情况、从实际出发、因地制宜，顺应当地生态文化建设与当前生态文明发展的总体趋势。

## 第三节　生态文化与生态文明的辩证关系

生态文化建设的研究在中国刚刚起步，取得了一定的研究成果，但对生态文化与生态文明之间的异同，学者们众说纷纭，未有一个明确的定论。笔者认为生态文化与生态文明之间存在耦合关系，两者既有共性联系，也有区别和差异，相互渗透、相辅相成。对生态文化和生态文明关系的梳理和探讨，对明确生态文化建设的现实价值具有重要意义。生态文化是培植生态文明的根基，生态文化的传承与弘扬可以推进生态文明建设的进程，生态文明建设的进程又丰富了生态文化的时代内涵。

## 一、二者差异

首先，从逻辑顺序来看，二者逻辑顺序不同，文明是文化发展的高级形态，因为有了文化，人类才能创造文明。即先有生态文化，再有生态文明，因此生态文明是建立在生态文化基础之上的一个目标，是在生态文化主导下的社会实践的必然结果，是在生态文化中形成的精华，是生态文化的最终沉淀。

其次，从基本内涵来看，生态文化更侧重于精神层面，涉及生态哲学、生态美学、生态伦理学等内容，从教化民众、树立尊重自然、保护自然的观念，到增强民众生态意识、责任和义务等进而构建和谐社会。而生态文明更侧重经济物质层面，涉及绿色发展、循环发展、低碳发展，加强生态文明制度建设，以此构建和谐社会。

再次，从社会形态来看，生态文明作为人类社会发展更复杂、更进步的社会形态和发展阶段，与农业文明、工业文明并列，同物质文明、精神文明、社会文明一起统一在社会主义建设的板块中；生态文化作为生态文明社会的生存方式和价值观，与农耕文化、征服文化并列，是生态文明时代以社会主义核心价值观为核心的主流文化，它服务于生态文明社会，为建设生态文明提供强大的发展动力。

## 二、二者联系

生态文化与生态文明的最终诉求具有鲜明的共同特点和高度的一致性，二者在发展理念、奋斗目标、基本任务、价值取向和实现路径上是一致的、共同的，均以促进人与自然和谐发展为目标，倡导顺应自然、尊重自然、保护自然。

### （一）生态文化作为生态文明的核心和灵魂，为生态文明建设提供生态价值观、生态世界观以及生态伦理观的支撑

社会意识指导社会实践，在生态文化体系建设中，大力传播生态价值观、生态道德观等生态观念，解决生态环境领域突出问题，倡导勤俭节约、绿色低碳、文明健康

的生产生活方式和消费模式，唤起民众向上向善的生态文化自信与自觉，推进经济社会转型发展，为生态文明建设提供正确的价值取向。

**（二）生态文明是生态文化指导下实践的产物，为生态文化发展提供物质基础**

在生态文明建设大背景下，各地通过组织形式多样、内容丰富的活动，加大生态文化场馆、生态文化休憩场所和生态文化示范教育基地的建设，原国家林业局、教育部、共青团中央也着力建设具有代表性的国家生态文明教育基地，为生态文化建设营造良好的物质基础和舆论氛围。

## 第四节 内蒙古生态文化建设的现实价值

2018 年 3 月，内蒙古自治区主席布小林在接受新华社记者采访时指出："内蒙古是我国北方面积最大、种类最全的生态功能区。建设重要生态安全屏障，是我们在国家发展大局中承担的重大责任。中央领导到内蒙古考察，都要嘱咐我们，一定要保护好这块绿色宝地。许多人向往内蒙古，就是因为这里有蓝天白云、碧水青山，有广袤草原和原始森林。我们提出建设绿色内蒙古，推动全区自觉践行'绿水青山就是金山银山'的理念，持续实施重大生态修复工程，加强大气、水、土壤污染防治，同时推进领导干部自然资源资产离任审计、重点生态功能区产业准入负面清单等生态文明制度建设。我们既要保护好现有的绿水青山，也要努力修复生态，恢复往日风光。"[1]这番讲话生动形象地论述了内蒙古必须走适合内蒙古特色的生态文明建设道路，建设祖国北疆生态安全屏障具有重要的现实价值和意义。

生态价值巨大。内蒙古地处祖国正北方，面积约 118.3 万 $km^2$，占全国总面积的

1 布小林．建设新时代"模范自治区"[EB/OL].http：//finance.chinanews.com/gn/2018/03-26/8476560.shtml.

12.3%。从东部的呼伦贝尔草原到西部的阿拉善荒漠草原，草原面积达 8 666.7 万 $hm^2$，是我国最大的草原牧区；自治区内流域面积在 1 000 $km^2$ 以上的河流达 107 条，流域面积大于 300 $km^2$ 的有 258 条，大小湖泊有 1 000 多个，水资源总量约为 518 亿 $m^3$；森林面积 3.73 亿亩，居全国第 1 位；自然资源储量丰富，有“东林西矿、南农北牧”之称，稀土金属储量居世界首位。内蒙古自治区拥有我国北方面积最大、种类最齐全的生态系统，在国家生态主体功能区规划，即“两屏三带”的生态安全战略格局中有着举足轻重的地位。

生态环境脆弱。近年来，随着人类活动的日益频繁，尤其是过度放牧、乱采滥伐等不合理的资源开发利用活动，内蒙古地区的生态环境遭到严重破坏，人口、资源、环境与发展之间的矛盾日渐突出，保护生态环境与自然资源的形势日益严峻。虽然经过多年发展，从鄂尔多斯的治沙能手殷玉珍到阿拉善的沙漠愚公苏和，他们在荒漠中栽下片片新绿时，生态环境状况实现了总体遏制、局部好转，但由于内蒙古广袤的土地，生态环境仍然比较脆弱。

生态压力沉重。习近平总书记在考察内蒙古自治区时强调：内蒙古的生态状况如何，不仅关系到内蒙古各族群众的生存和发展，也关系到华北、东北、西北乃至全国生态的安全，要努力把内蒙古建设成我国北方重要的生态安全屏障。可见，党中央、国务院对内蒙古自治区生态文明建设的推进寄予了厚望。内蒙古在我国经济社会发展、生态建设保护和边疆繁荣稳定的大局中具有重要战略地位。内蒙古最大的责任在生态，最大的潜力也在生态。内蒙古自治区生态环境的保护不仅关系自身经济的发展，而且影响全国的生态环境平衡和经济的可持续发展。

亚里士多德说："古往今来人们开始真理探索，都应起源于对自然万物的惊奇。"[1]21世纪是人类由工业文明迈向生态文明、实现历史伟大转折的光辉时代，也是中华民族实现伟大中国梦、走向生态文明的世纪，生态文化将以其极大的渗透力和感染力成为生态文明时代的主流文化，引领人类走向生态文明新时代。千里之行，始于足下，历史担当，任重道远，我们理应协力互动、持之以恒、共建共享，坚持把培育生态文化作为重要支撑，为实现中华民族伟大复兴、永续发展，贡献智慧和力量。

## 参考文献

[1] 爱德华·泰勒 . 原始文化 [M]. 连树声，译 . 上海：上海文艺出版社，1992：17.

[2] 大卫·雷格里芬 . 后现代精神 [M]. 王成兵，译 . 北京：中国社会科学出版社，1992：8.

[3] 费孝通 . 乡土中国 [M]. 上海：生活·读书·新知三联书店，1985：17.

[4] 郭家骥 . 生态文化与可持续发展 [M]. 北京：中国书籍出版社，2004：7.

[5] 蒋明君 . 生态安全学导论 [M]. 北京：世界知识出版社，2012：54.

[6] 马克思，恩格斯 . 马克思恩格斯选集第一卷 [M]. 北京：人民出版社，1995：277.

1 亚里士多德 . 形而上学 [M]. 吴寻彭，译 . 北京：商务印书馆，1959：5.

[7] 奈杰尔•拉波特，乔安娜•奥弗林．社会文化人类学的关键概念 [M]. 鲍雯妍，张亚辉，译．北京：华夏出版社，2005：79.

[8] 史蒂文•瓦戈．社会变迁 [M]. 王晓黎，等译．北京：北京大学出版社，2007：191.

[9] 谭大友．中国生存智慧 [M]. 北京：人民出版社，2014：79.

[10] 涂可国，刘廷善．荀子思想研究 [M]. 济南：齐鲁书社，2015：521.

[11] 王欢．小欢的论语 [M]. 北京：东方出版社，2013：95.

[12] 亚里士多德．形而上学 [M]. 吴寻彭，译．北京：商务印书馆，1959：5.

[13] 余谋昌．文化新世纪——生态文化的理论阐释 [M]. 哈尔滨：东北林业大学出版，1996：3.

[14] 林祥磊．梭罗、海克尔与"生态学"一词的提出 [J]. 科学文化评论，2013（2）：18–28.

[15] 李广柏．中国历史上的人文主义思潮 [J]. 华中师范大学学报，2001（7）：100–108.

[16] 穆艳杰，李忠友．从哲学的视角解析生态文化内涵 [J]. 东北师大学报，2016（4）：93–97.

[17] 彭子恒，王宇欣，蔡菲菲．井冈山市生态经济系统可持续发展研究 [J]. 安徽农业科学，2011（33）.

[18] 任永堂．生态文化：现代文化的最佳模式 [J]. 求是，1995（2）：7–9.

[19] 沈满洪．绿色发展及相关概念辨析 [J]. 文汇报，2017（6）：1.

[20] 邬晓燕．绿色发展及其实践路径 [J]. 北京交通大学学报，2014（7）：97–101.

[21] 王玲玲，张艳国．绿色发展内涵探微 [J]. 社会主义研究，2012（5）：143–146.

[22] 王南林．可持续发展战略和环境伦理学产生过程的共同性研究 [J]. 中国人口•资源与环境，2002（5）：17–19.

[23] 余谋昌．生态文化是一种新文化 [J]. 长白，2005（1）：99–104.

[24] 张蓬．"生态文化"元理论问题检视 [J]. 江海，2003（2）：46–59.

[25] 布小林．建设新时代"模范自治区" [EB/OL]. http：//finance.chinanews.com/gn/2018/03-26/8476560.shtml.

美丽富饶的科尔沁草原（扎鲁特旗山地草原）

## 第三章

# 内蒙古生态文化的资源禀赋

内蒙古自治区主席布小林曾指出：“内蒙古高原是北方游牧文化的摇篮，几千年来，生活在这里的各个民族共同创造了美好的生活家园，共同创造了灿烂的草原文化。草原文化是中华文化的重要组成部分。”内蒙古生态文化是生活在内蒙古的人们在与自然相处的过程中，以本土生态环境为基础，在寻求人与自然和谐共处的目标中形成的价值观念和思维方式。内蒙古生态文化孕育于蒙古高原广阔的草原、森林、农田、沙漠等自然地带中，交织在草原民族生态文化思想里，包括了草原民族在长期生活实践中对大自然的认识与总结，也创造出了人与环境和资源相适应的生活模式，是草原民族尊重自然、保护自然、追求循环发展的生态伦理观和生态意识的结晶。

# 第一节 概况

内蒙古特殊的自然地理环境、宽广辽阔的自然生态空间、丰富独特的自然生物资源，不仅哺育了生活在此的人们，也促成了基于自然选择原理基础上的文化选择，孕育发展了灿烂的生态文化。这些文化经历过长期的历史积淀与发展，在依靠自然、顺应自然、不断与自然互动的过程中逐渐成形，蕴含着厚重的生态文明、生存智慧与生态哲学发展理念。

## 一、自然条件

### （一）地形地貌

蒙古高原开阔平坦，地面起伏和缓，地质历史上曾发生板块运动、造山运动、大陆抬升，大规模火山爆发。东西走向的阴山山脉横亘于中部，东端与东北—西南走向的大兴安岭相连，西端与南北走向的贺兰山遥相呼应，形成一条山带。山带的北侧为内蒙古高原，即呼伦贝尔高原、阴山高原、阿拉善高原，山带的南侧为嫩江西岸平原、西辽河平原、土默特—后套平原，西南部是鄂尔多斯高原，呈现出高原、山地、平原相间分布的带状结构[1]。山地、高原海拔 700 ~ 1 400 m。

### （二）气候概况

内蒙古高原处于北温带中纬度内陆地区，气候以温带大陆性季风气候为主，热量大致从东北至西南逐渐增加，从寒温带到中温带，阴山以南为暖温带。而降水从东北向西南逐渐减少，从湿润、半湿润、半干旱、干旱至额济纳的极端干旱区，具有地球上全部的水分生态系列[2]。由于地理跨度大、海拔较高，气候较同一纬度的其他地区更为恶劣，常年受夏季风环流和西风环流的交替控制，气候变化明显。季风对内蒙古高原的作用明显表现为降水和气温的不稳定性，总体降雨偏少，平均降水 50 ~ 500 mm，

1 马玉明．内蒙古资源大辞典［M］．呼和浩特：内蒙古人民出版社，1997.
2 刘书润．这里的草原静悄悄：刘书润解说草原生态和文化 [M]. 北京：知识产权出版社，2012.

尤其春季降水稀少，春旱严重，夏秋季降水集中，同时，气温乍寒乍暑，极其酷烈，最高最低温差可达 90℃，春季气温骤升，多大风天气，夏季短促炙热，秋季降温迅速，无霜期短暂，不适合多数作物生长。内蒙古高原还是北方冷空气南下的必经之路，加之其北面地势开阔，为大风的进入提供了便利的条件，多风、多沙也是内蒙古高原的另一个特点[1]。

**（三）土壤类型**

内蒙古高原主要地带性土壤有大兴安岭北部东麓的黑土、黑钙土，草原地带的栗钙土，半荒漠地带的棕钙土，南部暖温带半湿润型的褐土，荒漠地区的漠钙土、灰棕荒漠土，还有非地带性的草甸土、盐碱土、沙土等[2]。

**（四）动植物资源**

从内蒙古高原植被的纬向、经向及垂直地带性分布规律而言，可以划分为六种类型，即草原地带、荒漠草原地带、荒漠地带、山地草原、森林草原及山地针叶森林带。总体上，草原极为辽阔，饲草丰富，但草原受到气候制约较大，生物量不稳定[3]。

蒙古高原地域辽阔，植被类型多样，孕育了种类繁多的野生动物资源，按照生态单元以及狩猎资源的角度，将蒙古高原的野生动物归纳为森林野生动物群、草原野生动物群、湿地动物群、荒漠动物群[4]。

**（五）独特的自然环境是生态文化的摇篮**

特定的生存环境是草原民族生态观念形成的物质基础和出发点。渔猎、农耕、游牧多民族在内蒙古高原繁衍生息，这里就成了民族文化的摇篮和演绎场，为世界历史做出了巨大贡献。

蒙古高原地理位置的独特性、气候条件的多变性、地貌环境的复杂性决定了在这片土地上不易进行大规模的农业生产开发，在长期的生存发展中，人们适应了自然环

---

1　冰梅．蒙古族生态文化之动物学溯源 [D]．北京：北京林业大学，2008.
2　冰梅．蒙古族生态文化之动物学溯源 [D]．北京：北京林业大学，2008.
3　刘书润．这里的草原静悄悄：刘书润解说草原生态和文化 [M]. 北京：知识产权出版社，2012.
4　刘书润．这里的草原静悄悄：刘书润解说草原生态和文化 [M]. 北京：知识产权出版社，2012.

境并发展了与之和谐相处的生产方式，这就是游牧[1]。马可·波罗也记述了这样的现象，他说“鞑靼冬居平原，气候温和而水草丰肥，足以畜牧之地。夏居冷地，在山中或山谷之内，有水、林、牧场之处”。可见古代草原民族巧妙利用不同季节气候变化规律与草场分布状况使家畜处于最佳气候与最佳草场之下，实现了天时、地利与人和的最佳结合，在保护自然环境与可持续利用自然资源方面寻找到了最好的方式[2]。

在生产力水平低下的时代，由于对自然现象了解不深，对自然灾害的发生无力抵抗，人们由此产生了本能的畏惧大自然的心理，这种心理是古代草原民族自然观的形成之始。由敬畏到崇拜，不敢对大自然随心所欲地索取和掠夺，从客观上起到了保护生态的作用，因而也是生态观的形成之始。这种对自然的畏惧出于本能的直觉的反应，很大程度上是由于草原生态环境的脆弱性，迫使古代草原民族较早产生了生态意识[3]。

此外，内蒙古自治区河流众多，平原广阔，发育了条件优良的农业区，河套、西辽河等农耕文化源远流长。大面积分布的大森林、大沙漠也成为森林生态文化和沙漠生态文化的摇篮。

## 二、历史发展

蒙古高原地处欧亚大陆草原—荒漠地带性景观的东部区，地域广袤，地形地势相对平坦开阔。蒙古高原曾经居住的不同部族，无论是早期生活于蒙古高原的匈奴、鲜卑、柔然、突厥、契丹、女真人还是近代的蒙古族人，游牧成为他们的主要生产生活方式。

据《史记》记载，“匈奴，其先祖夏后氏之苗裔也，曰淳维”。匈奴人是来自蒙古大草原一带的游牧民族的总称，兴起于公元前3世纪（战国时期），公元前209年，控制了长城以北，建立了中国历史上第一个游牧民族国家。继匈奴之后，大约在公元1世纪鲜卑族在蒙古高原兴起，到公元4世纪，鲜卑族入主中原，占据了黄土高原和黄河流域的地区，建立了北魏王朝。但由于鲜卑族向中原大地全面挺进，蒙古高原的腹

---

1 王紫萱．古代蒙古族生态文化研究 [D]. 兰州：兰州大学，2005.
2 王紫萱．古代蒙古族生态文化研究 [D]. 兰州：兰州大学，2005.
3 王紫萱．古代蒙古族生态文化研究 [D]. 兰州：兰州大学，2005.

地陷入空虚，柔然族乘虚而入。“无城郭，随水草畜牧，以毡房为居，随所迁徙”（《宋书·索虏》，1974 年版）。[1] 由此可见，柔然族的经济生产和生存方式依然主要以游牧为第一选择。

到公元 6 世纪，突厥人崛起，取代柔然人成为蒙古高原的主人。突厥人“穹庐毡帐，随水草迁徙，以畜牧射猎为事，食肉饮酪，……迁徙无常，而各有地分”（《北史·突厥》，1974 年版），[2] 这表明突厥人承袭了匈奴人的游牧生产方式及风俗习惯。到公元 744 年，回鹘成为亚洲高原上极其强盛的主人。公元 840 年，黠戛斯人曾经短暂地建立自己的政权，但很快于公元 920 年，被契丹部落所取代。契丹族属于东胡族系，早在 4 世纪就游牧于兴安岭东麓，于 916 年建立契丹国，即“大辽”。公元 924 年，耶律阿保机率部迁入蒙古高原，成为蒙古高原的新主人，并南下入侵，占领了北京和大同等地。辽朝晚期由盛转衰，宋朝联合女真人，共同消灭了契丹。契丹政权存在了 200 余年，在北方民族的发展史上具有重要地位，同样游牧经济是其支柱的产业方式。[3]

女真人居住在乌苏里江流域的森林中，史称“通古斯人”，到辽末年，女真族已成为北方一支不可小觑的力量。公元 1114 年，女真贵族完颜阿骨打誓师起义，次年，建立了金王朝。公元 1120 年，金与宋签订海上之盟共同抗辽，公元 1125 年，辽天祚帝被俘，金国完全控制了北方。在消灭辽国以后，金国把矛头直指宋朝并最终攻占北宋都城开封，使北宋灭亡。而南宋的抗金名将岳飞、韩世忠等人对金国的抵抗使得金军无力再和南宋交战，形成了南北对峙的局面，直至金国被蒙古族消灭。

公元 12 世纪末至 13 世纪初，蒙古乞颜部贵族铁木真势力迅速发展起来，他先后征服了札答兰、塔塔儿、翁吉剌、克烈、乃蛮等部族，统一了蒙古草原。公元 1206 年，铁木真召开忽里台（大聚会），即大汗位，号成吉思汗，建立大蒙古国。成吉思汗通过战争统一了蒙古各部，使复杂、众多的部落联合成统一的蒙古民族，建立了统一的横跨欧亚大陆的蒙古帝国，蒙古族成为这片土地的真正主人。在整个欧亚大陆游牧民

---

1　冰梅．蒙古族生态文化之动物学溯源 [D]．北京：北京林业大学，2008.
2　冰梅．蒙古族生态文化之动物学溯源 [D]．北京：北京林业大学，2008.
3　冰梅．蒙古族生态文化之动物学溯源 [D]．北京：北京林业大学，2008.

族史上，蒙古族的崛起是游牧民族最高的辉煌，是由匈奴首创的游牧文化的最后守护者、开拓者和集成者。

自公元前3世纪有史记载的北方诸部族至成吉思汗于公元1206年建立大蒙古国家，历史跨度达1 500多年，蒙古高原先后迎来了公元前的匈奴人、3世纪的鲜卑人、5世纪的柔然人、6世纪的突厥人、8世纪的回鹘人、9世纪的黠戛斯人、10世纪的契丹人直至13世纪的蒙古人。这些世代生活在蒙古高原的部族，没有一个能脱离游牧经济，游牧经济成为蒙古高原各部族的经济支柱。同时，长年战乱使得这些部落和民族对所获得的自然资源倍加珍惜，同时更加信仰和感恩自然，虽然历尽沧桑，但仍将游牧的生产方式和蕴含其中的生态理念继承发展。

美丽富饶的霍林郭勒山地草原

## 第二节 生态文化禀赋

内蒙古高原是北方各民族长期从事狩猎和游牧的地区，蒙古族同其他游牧民族共同创造了独具特色的经济文化类型——草原文化。草原文化是在狩猎和游牧生产、生活实践中产生的，并指导了草原民族的伟大实践，是北方少数民族在草原上生存和发展的基础。草原文化具有博大深刻的生态智慧，蕴含着丰富的朴素生态哲学思想。

## 一、草原生态文化

### （一）草原生态文化的特性

1. 融入于日常生活中的生态理念

游牧文化不仅是蒙古族的宝贵文化遗产，也是中华文化宝库中一颗璀璨的明珠。游牧文化的实质就是人与自然和谐相处，是草原民族在长期的生产实践中与自然的和谐互动中形成的风俗习惯，是内蒙古生态文化在草原人民物质生活层面实实在在的体现，经过不断的充实与发展，已成为蒙古族文化的主流和灵魂，从某种意义上说，游牧文化就是一种生态文化。

2. 顺应自然的生存模式

内蒙古草原是游牧民族一代又一代繁衍生息的根基，是民族经济和文化的摇篮，是游牧文化的主要发祥地。从公元五六世纪，蒙兀室韦和乌洛侯人开始从渔猎生产向畜牧生产转变，到公元 7 世纪，蒙古先人部落从大兴安岭地区向大漠南北的辽阔草原转移，再到 9 世纪，蒙古族与突厥、回鹘人的民族交往之中，继承草原畜牧生产与社会生活的经验，延续着草原游牧文明发展的历史篇章。生活在草原区的北方民族创造了顺应环境的游牧生产方式，形成了完整的游牧文化。

草原民族的游牧文化是在狩猎和养畜业这一生产方式与自然环境相适应的基础上产生，并随着社会的发展逐渐发展起来的。游牧文化的产生和发展与北方草原民族生存的自然环境有着密切的关系。蒙古高原的山脉、草原、河流、气候、物产等独特的地理环境和自然资源，不但决定了游牧民族的生产生活方式和经济模式，而且对游牧民族的思维模式、宗教信仰、生活习俗和文化艺术的形成与发展起到了重要的推动作用。在长期的畜牧业生产实践中，人与牲畜之间的协调关系、人与自然之间的和谐活动被固定下来，形成了游牧民族的风俗习惯。这些风俗习惯在发展过程中不断丰富、传承，形成了具有浓厚民族特质的文化现象。

3. 珍视资源的生产实践

在蒙古高原上，牧民的游牧生活经历了漫长的历史过程，这是北方各民族对内蒙古生态文化的历史性创造。其中，蕴含着深邃的生态意识，具有高度的历史合理性和必然性。“草原民族在从事游牧的生产实践中，形成了保护草场、土壤、水源的习俗。这些习俗是草原文化的重要内容，是他们生态观念的具体体现，并且在生产活动中得到了贯彻，有效地保护了自然环境，推动了畜牧业的发展。”[1]

保护草场。草原民族根据自然条件进行季节性游牧时，游牧业生产有选择营盘、储备牧场、留打草场的习惯。从畜群的繁殖、抓膘的实际需求出发，充分考虑气候、草场、地形、雨水、盐碱等自然条件选择春营盘、夏营盘、秋营盘、冬营盘，同时根据年份、季节情况决定游动的时间和地点。这是畜群抓好膘情、增强抵御自然灾害的能力、提高畜群的成活率、促进畜牧业发展的基本保证，是长期生产实践中形成的生产经验和优良传统。这种循环利用草原的制度，可以保证草原植物更新和草原生态系统的物质平衡，可以有效地发挥草原的生态防护功能。

保护土壤。出于对草场的强烈的保护意识，草原民族在生产实践中认识到，要保证草场的繁茂就必须做好土壤的保护工作。所以从日常生活到生产劳动草原人民都非常重视对土壤的保护，尊称大地为“万物之母”，禁止破坏土壤。具体包括，在清明前禁止动土；搬迁宿营地时要清理旧址，把挖下的灶坑填平；把拴马桩或棚圈立柱留下的坑埋好填平等。

保护水源。逐水草而居的草原民族，不仅热爱草场和土壤，对滋润万物的江河、泉水更是怀有深深的情谊。从远古时期开始草原民族就把江河看作神灵，怀着敬畏的心情祭拜，并给了江河“哈腾郭勒”（母亲河）、“阿尔山宝力格”（神泉）、“额吉淖尔”（母亲湖）等美誉。因此，他们把保护江河、泉、溪水的清洁作为日常生活中严格遵守的行为规则。例如，不能随便破坏河边、泉水边的树木等，这些行为都是为了保持江河水不受污染和保持水源的原始状态，都是出于保护生态平衡的科学态度。

由此可见，游牧文明的精髓就是遵循自然规律，坚持人与自然和谐共存的理念，实现可持续发展。生态学家刘钟龄在《蒙古族的传统生态观与可持续发展论》一文中说明“蒙古族人民的游牧生活恰恰构筑了天（气候环境）、地（土壤营养库）、生（生

1　扎格尔．草原物质文化研究 [M]．呼和浩特：内蒙古教育出版社，2007.

物多样性）、人（人群社会）的复合生态系统，是历史条件下能量流动与物质循环高效和谐的优化组合。游移放牧的完整规范，可以保持草原自我更新的再生机制，维护生物多样性的演化，满足家畜的营养（能源）需要，保障人类的生存与进步。这是草原复合生态系统结构与功能协调有序的耦合效应。存在决定意识，这种优化系统组合必然成为生态观念的客观根据。所以，在蒙古民族文化中，意识形态、科学技术、伦理规范、民风习俗、宗教信仰等诸多方面都蕴含了鲜明的生态观念与环境思维”。

父亲的草原母亲的河

4. 朴素实用的生活消费习俗

消费是人类为了满足自己的物质需求、精神需求等而耗费各种生活资料的过程。消费既是人们不断向自然索取的过程，也是人们使用、消耗劳动产品并向自然环境丢弃一定废弃物的过程，这使得消费问题直接影响着人与自然、人与环境的关系。草原民族的“衣、食、住、行”中包含了很多保护生态的生活习俗，出于对自然界的敬畏和崇拜之情，他们对自然低限度地索取、高效率地利用，体现了朴素的生态消费观。

（1）衣

北方草原民族服饰是草原人民在长期的劳动生产和日常生活中创造出来的与自然环境和谐统一的，适应草原民族生产生活方式的最佳选择。蒙古族服饰与我国北方草原民族服饰是一脉相承的。蒙古族的传统服饰是长袍和长靴，就是在古代契丹族圆领长袍和短靴的狩猎装基础上发展起来的。“在古代蒙古人的装束中，蒙古袍是最实用、最具‘生态’特征的，肥大的下摆一直垂到靴子，骑乘时可以起到护腿的作用；宽松的上身部位，穿着时与身体分离，形成封闭的小气候，在温差大的北方草原上能很好地调节人体温度，腰带系的宽而紧，避免在座骑上颠簸对内脏的损害。”例如，《蒙古风俗鉴》中所描述的“从远古以来，蒙古人的穿着出现了一系列演变。最初用‘讷莫’护腰挡身，后来又制作了有领口细带的衣着，可以把它系在胸前披着走，而后人们逐渐醒悟过来，制作适合人体的有领子、袖子、开衩的长袍，穿时用系固带”。[1]

蒙古族的服饰色彩要求以色彩鲜艳、浓郁为多，不同颜色各有象征意义。男子多喜欢蓝色、棕色，女子则多喜欢穿红、粉、绿、天蓝色，白色被认为是最神圣、最崇高的颜色。蒙古族服饰表明了人们对自然的崇尚和热爱。

（2）食

在饮食方面，蒙古人的传统基本上是建立在游牧之上的，主要分为肉食、奶食和植物类食品三大类，马、牛、羊和骆驼奶是最主要的饮料，蒙古人尤其喜欢饮用马乳酿制的被称作“忽迷思”的饮料，俗称马奶子。这种饮料色白而浊，味稍酸，可久存，具有健身之功效。蒙古人也从牛奶中提取奶油，煮干后分离出黄油和油渣，把提取奶油后剩下的奶制作成奶豆腐，收藏在袋子中，备冬季时缺奶时食用。饮食文化不仅包括“吃什么”“用什么吃”，还包括“怎么吃”。“在蒙古族的饮食文化中，这一点正是以丰富多彩的饮食礼仪表现出来的。例如，饮酒时的礼仪是非常热情的主人在真心实意劝客人饮酒的同时，还要献上一首首欢快热烈的劝酒歌。”而客人在盛情之下高兴地将杯中酒一饮而尽。在享用著名的全羊宴“术斯”时，要举行特殊的仪式，并

1 王紫萱．古代蒙古族生态文化研究［D］．兰州：兰州大学，2005.

用美好的语言进行祝赞。《蒙古风俗鉴》中简要地记下了举行“玛玛术斯”宴时的礼仪：五叉献上以后，厨师（切割者）右手执刀，左手拿巾，单腿跪候，主人一声“卸五叉”令下，则把刀刃朝向自己，抓住刀把将五叉切割分解，并将割之九块一一献祭。第一块祭天，第二块祭地，第三块供佛，第四块祭鬼，第五块献主客供吃，第六块祭山，第七块祭祖灵，第八块祭土地和水鬼，第九块祭汗主（成吉思汗）[1]。牛羊粪和马粪是主要的能源燃料，也是改善草原方面不可或缺的有机肥料。“他们用牛粪和马粪燃火来煮他们的食物，而且他们所有人，皇帝、贵族们和其他人一样，都以牛、马粪烧火取暖”。冬季人们把牛粪集中到一起，堆放起来，经过一个冬季和初春的日晒和风吹，到春季就完全被烘干，成为人们烧火、取暖、做饭的燃料。

（3）住

孩子问妈妈：“妈妈，我们蒙古人为什么总是不停搬迁？”妈妈回答：“我们要是固定一地，大地母亲就会疼痛，我们不停移动，就像血液在流动，大地就感到舒服，你给妈妈上下不停捶背，妈妈会舒服，如果固定在一处会怎样？”这个谚语就是特别深刻的生态学原理，蒙古人为什么是移动的民族，这是非常深刻的。

蒙古包是蒙古族传统的住所，蒙古语称“格日”或“伊斯给格日”。蒙古包是游牧生产生活的产物，也是草原牧人四季栖息的场所，其特点是冬暖夏凉，易搭易拆，便于流动。“蒙古包的整体形状是圆形的，正因为这个原因它占地面积小，在一般的情况下可容纳很多人。根据人口数量的多少随意变大变小，还可以根据冷暖情况加厚变薄（加减围毡）；下圆上斜的整体设计，对外减轻了风暴阻力，其内部扩大了有效使用面积，而且形成筒状上升气流，保持空气新鲜。”蒙古包的特性是适应游牧生活，它成了游牧民的理想住所，也是对大自然破坏极小的生态居所，因为它的搭建是以不破坏自然为前提条件的。

（4）行

古代蒙古人的主要交通工具是马、骆驼及以勒勒车为主的大车。历史上北方民族

---

1　王紫萱．古代蒙古族生态文化研究 [D]. 兰州：兰州大学，2005.

常年过着逐水草而居的游牧生活，往往以马代步，人们在迁徙、征战、狩猎、放牧时都要骑着它。蒙古族有“马背上的民族”之誉称。在北方草原民族的生产劳动、行军作战、社会生活中几乎都有马的踪影。在生产领域里，马是草原民族重要的生产工具，又是生活资料，草原民族的生产、生活离不开马匹。马是北方草原民族的重要运输畜力之一，在游牧、狩猎、战争中都离不开马。马是他们生活的伙伴，北方草原民族对马的感情颇深，草原民族从小开始训练骑射。到过北方草原地区的加宾尼在《蒙古史》中说“他们的小孩刚刚两三岁的时候，就开始骑马和驾驭马，并在马上射箭，同时大人把适合于孩子的弓给他们，教他们射箭”。“有‘草原之舟’美名的勒勒车其实是一种蒙古式牛车，古称高车、罗车或牛牛车，民间也称辘轳车或大轱辘车，‘勒勒’取自赶车牧民吆喝牲口的声音。勒勒车主要用于搬运毡房、生活用品等，自重百余斤却能载重 1 000 千左右，日行二三十里。它的车身小、车辕长、轮大、自重轻和底盘高的特点使它可以跨越荒滩、草地和雪地，且不易损坏，非常适应北方草原游牧民族逐水草而居的生产生活需要。”

**（二）体现在制度约束中的草原生态思想**

草原文化中的传统制度始终尊崇人与自然和谐发展，以维持草原生态平衡为基本价值观，适应草原独特的生态环境，为迁徙游牧提供了充足的时空区域，形成了保护生态环境的行为规则。

不冻河

1. 草原产权制度

草原游牧民族以畜牧业为经济基础，为使牲畜不断繁衍生息，必须保证草场生产力永续旺盛，因此会通过不断迁徙游牧使草场得以休养生息。古代蒙古族氏族制社会中，每个氏族依人口规模不同，形成一个或几个古列延，汉译为“圈子”或“营”，即圆形的意思。古列延的半径从几千米到几十千米不等，氏族成员通过古列延实现集体搬迁游牧。随着社会生产力的发展和牲畜头数不断增多，古列延的管辖能力日渐减弱，阿寅勒便应运而生。与古列延比较而言其规模较小便于管理，是一个或几个家庭共同进行游牧的组织形式。成吉思汗建立大蒙古帝国后，建立封建领主分封制，指任千户长、百户长、十户长，实行层层管辖。每个千户下辖若干阿寅勒游牧集团，改变了“夏漠北，冬漠南”的水平钟摆式的游牧，转变为领地范围内循环式的四季轮牧。明朝时期，蒙古地区出现了鄂托克游牧组织，它由若干个阿寅勒组成，但此时的阿寅勒不像历史上自由游牧的阿寅勒，而是在固定疆域内进行游牧。清朝建立以后，对蒙古地区实行盟旗制度，蒙古设旗近二百，牧民百姓可以在自己所在旗的范围内进行游牧，规定不得越旗驻牧，除非经过两旗双方协商。[1]

在古代社会，百姓通过“古列延”“阿寅勒”“鄂托克”等组织形式进行游牧，充分证明蒙古族古代草原产权制度确保了牧民百姓对草原的集体使用权。草原始终是公用或共用的自然资源，百姓有进行四季轮牧和走场避灾的充足牧场空间。即蒙古族古代草原产权制度为迁徙游牧提供了必要条件，使草场能够及时休养生息，遵循了自然规律和经济规律的统一性，从而有效避免了草原生态环境的恶化。

2. 法律制度

蒙古族传统法律制度与其他民族的法律比较而言，既有许多共同点，也有自己的特殊性。这种特殊性由蒙古族的生存环境、文化习俗、宗教信仰等多种因素共同促成。总之，蒙古族传统法律是人类文明的重要组成部分，具体由不成文的习惯法和成文的法律法规两部分组成。成文的法律法规是由蒙古族古代统治阶层制定、由社会全体成

1 莎日娜．蒙古族草原生态文化的传承与借鉴研究［D］．呼和浩特：内蒙古农业大学，2014.

员遵守的法律。典型的成文法主要有：成吉思汗成立蒙古汗国后颁布的《大扎撒》、土默特部落首领俺答汗于万历六年至九年主持制定的《俺答汗法典》、漠北蒙古封建主制定的《嗜儿略七旗法典》，以及曩尔喀部、卫拉特部和部分土尔扈特部落封建主于1640年在塔尔巴哈台集合制定的《卫拉特法典》等。这些法律法规从根本上是维护统治阶级的利益，但某种程度上对维护社会秩序也发挥了重要作用。

人与自然和谐统一是古代蒙古族立法的哲学基础，历代蒙古法典都设有生态保护法，这些法律法规相对习惯法更具权威性和强制性。在历史上，对草原生态环境起到了有力的保护作用

（1）草场保护

《大扎撒》中规定："禁草生而镬地。禁遗火而燎荒。禁于水中和灰揭上溺尿。"又如，《卫拉特法典》第60条规定："如有人灭掉已经迁出的鄂托克之火，（向遗火人）要一只绵羊。从草原荒火中救出几群牲畜，群数多要二群，群数少要一群，要根据不同季节决定而分取。"第61条规定："以报复心理放草原荒火，以大法处理。"再如，《喀尔喀法典》第184条规定："谁如失放草原荒火，有几人罚几匹马。烧了什么东西赔什么东西。同时，罚一五畜。放火之人如果自已灭了火，罚一头牛。谁人证明，给证人吃一头牛。并从罚畜中吃一只。其余四只给灭火之人分予。"这些规定有效地防止了草原荒火的发生，从而在历史上有效地保护了草原生态环境。[1]

（2）野生动物保护

《大扎撒》中规定[2]："从冬初头场大雪始，至来春牧草泛青时，是为蒙古人的围猎季节。"[3]又如，《阿拉坦汗法典》中规定："只准许捕杀小或中等的鱼、鸾、乌鸦、喜鹤等，不准偷猎野驴、野马、黄羊、狗子、雄鹿、野猪、岩羊、獾、狎貉、旱獭等动物。"再如，《卫拉特法典》第101条规定："谁如果破坏打猎，并行站立，并行骑走，罚马五匹。二次错跑路线，罚其乘马，二次错跑，罚绵羊一只，一次错跑，罚五支箭。"第103条规定："杀

1　莎日娜．蒙古族草原生态文化的传承与借鉴研究［D］．呼和浩特：内蒙古农业大学，2014.
2　莎日娜．蒙古族草原生态文化的传承与借鉴研究［D］．呼和浩特：内蒙古农业大学，2014.
3　莎日娜．蒙古族草原生态文化的传承与借鉴研究［D］．呼和浩特：内蒙古农业大学，2014.

死已被驯化的猎鹰，罚一匹马。”此外，《喀尔喀法典》第134条规定：“在二库伦执法范围外，临近的北面色楞格到北陶勒必、纳木答巴、那仁、鄂尔浑、昌答哈台的古热、吉巴古台的吉热、仓金答巴、朝勒忽拉这些地方以内的野生动物不许捕杀。如捕杀，以旧法惩处。”第136条规定：“不许杀无病之马，鸿雁、蛇、青蛙、黄鸭、黄羊羔、麻雀、狗。谁看见捕杀者，要其马。”这些法令对狩猎的时间、地点和对象等进行了明确的规范，从而对野生动物的保护产生了积极影响[1]。

（3）水资源保护

《大扎撒》中规定[2]：“禁民人徒手汲水，汲水时必须用某种器具。禁洗濯、洗破穿着的衣服。”又如，《喀尔喀法典》第181条规定：“如果抢别人新挖修理的水井，罚四岁马一匹。饮完牲畜后不给别人用饮，同样的罚四岁马一匹。如不给带嚼马饮水，罚两岁羊一只。谎称是自己的骑乘而骗饮，同样罚两岁绵羊一只。知道是在骗饮马匹而开玩笑把水弄脏，罚四岁马、牛两头，给看见的证人一头牛。”水是人、畜赖以生存的重要资源，这些法令对草原水资源的保护发挥了至关重要的作用，从而保障了草原游牧民族的繁衍生息。

（4）树木资源保护

《喀尔喀法典》第133条规定：“库伦辖地外一箭之地内，无论是枯树还是活树都不得砍伐。如果谁砍伐就没收其工具及随身携带的全部财产，没收物品归看见人所有。看见之人如果不到扎尔呼之处而是自己没收，视为无功，没收的财产归间接证人所有，如不给，将强行收取。有客人从外地来时要将这些条款全部说明。活树枝以活树枝惩罚，枯树枝以枯树枝惩罚。”这一法令虽然具有浓厚的宗教色彩，但在客观上曾对保护草原上稀缺的树木资源起到了积极作用。

草原民族古代法律中的生态保护条款，能够充分证明古代蒙古族对自然环境的爱护与珍惜。在古代社会，法律法规的客观制约与人们自觉的环保意识共同作用，形成了约定俗成的知识体系和价值取向，并以正规法律文献的形式代代传承，不仅曾造福

1 莎日娜．蒙古族草原生态文化的传承与借鉴研究［D］．呼和浩特：内蒙古农业大学，2014.
2 莎日娜．蒙古族草原生态文化的传承与借鉴研究［D］．呼和浩特：内蒙古农业大学，2014.

牧羊曲

于古代蒙古社会，后代人也将从中受益。

3. 传统习俗

在古代蒙古族氏族制社会解体之前，蒙古社会各成员间相互平等、社会财产公有、民主化程度很高。在长期的社会实践中形成了共同遵守的“约孙”和“额延”，蒙古族称之为传统习惯法。由于无文字记载，后人可获取的内容极为有限。根据旁证推断，其内容涉及祖先祭祀制、决策忽里勒台制、血案复仇制、族外婚制、幼子继承制、生态保护制等多方面内容。此外，蒙古族在漫长的历史发展过程中形成了多种习俗规范，包括生产习俗、生活习俗、婚葬习俗、宗教习俗等。

草原地广物博人员稀少，蒙古人自古过着亲近大自然的游牧生活。日积月累中形成的各种传统习俗，不但形式多样、内容丰富，而且具有明显的生态属性，包含着人与自然和谐相处的法则。具体可以从下面三种习俗进行概括。

首先，蒙古族的生活习俗蕴含的生态内涵。蒙古草原气候多变、环境恶劣，牧民深知在这种条件下需要依赖自然的“恩赐”而生存，就必须格外珍惜和保护自然资源，在日常生活中自觉形成了勤俭节约的习惯。以节约水资源为例，忌讳徒手取水，必须要用器皿，不能在清水中扔脏物、洗手、洗衣物，不能在河水中排便泌尿，月经期、坐月子的女子不能靠近水，在饮食上尽量不饮用清水，而是以乳品代替，古代蒙古人甚至在极其困难的情况下饮用动物血液。

其次，蒙古族的生产习俗蕴含的生态内涵。蒙古人烧的燃料是牛、羊、马粪，而不是去砍伐森林，即使烧柴也是捡拾枯死的干枝条，他们绝不砍活柳条。另外，蒙古人游牧的生产方式决定其生活周期较长，因而在他们的头脑中不存在急功近利的思想。当一头牛产下来牛犊的时候，在蒙古人的头脑中绝不会产生立即杀吃牛犊的想法，相反，他们所想的是几年后，让牛再产崽，然后喝其奶，用其畜产品。这些生产习俗对于保护草原生态平衡发挥了不容忽视的作用。

再次，蒙古族的丧葬习俗蕴含的生态内涵。自古以来，蒙古人重生轻葬，人离世后一般用白布将其尸体包裹，通常会野葬、火葬或者土葬。这里需要强调的是，古代蒙古族土葬没有使用棺材的习惯也从不留坟，根据死者的身份地位选择安葬地点、规格以及丧葬仪式。但为保持草原生态环境的原貌，无论帝王将臣还是平民百姓，埋葬的土地最终都会被万马厥平。不久墓地便可恢复本来面貌，或是郁郁葱葱的草场或是茂密的森林，人们无法识别墓地的具体位置。这种土葬法对保护草原生态环境有极大益处。

**（三）深植于价值信念中的生态精神**

草原民族热爱草原、爱护家畜、保护生命、维护生态环境的朴素感情是人与自然和谐相处的精神体现，是十分可贵的生态意识。

1. 宗教信仰

（1）萨满教

萨满教是在原始社会产生的以自然崇拜为主要内容的原始宗教，“万物有灵”论是萨满教的基本理念，它反映了人与自然的关系。其中包括了无生命的自然事物、自然现象和有生命的动物及植物神灵系统。自然神包括天地神和山水神系统，也包括风、雨、雷、火等自然现象的诸神灵和各种动植物之神灵。于是在萨满教的万神殿便有了各种腾格里神、地神、日神、水神、山神、树神等。在萨满教的观念中，宇宙万物、人世祸福都是由神灵来主宰的。萨满教的自然观也是一种“天人合一”的宇宙思想，

“天”是指人以外的一切自然，“人”与“天”就构成了人与自然的关系。“长生天”被誉为最高神灵，被认定是保护神，所以要崇拜他、保护他，被视为比人的生命还重要。此外，大地、山川、丘陵、湖泊、森林等均由各种神灵分别掌管，日、月、星、云、风、雷、雨、雪等都是按照天意活动。[1]“长生天”主宰一切，大地养育万物，蒙古人把天比作生身之父，把地比作养身之母，于是广泛流行着敬天敬地之俗。有了萨满教的“万物有灵”论，大自然被萨满教神灵化，赋予大自然有超越纯粹自然的属性，形成了神格化及人格化的观念体系和宗教信条的规范。由此，得到了人们崇拜的超自然的权威性和威慑力，久而久之，就自然内化为人们心中根深蒂固的“生态道德”。在蒙古人心目中，保护草原、保护森林、保护野生动植物，从来就是应有的道德，是善事；而破坏草原、破坏森林、滥捕滥杀动物，是恶事，是在作孽。有了这种生态意识，蒙古大草原长期赢得了山清水秀的美好环境，保持了绿色大地。

（2）藏传佛教

藏传佛教于 12 世纪逐渐传入蒙古地区后，经历了与萨满教漫长的斗争，最终成了蒙古社会占主导地位的宗教，维护社会道德的精神力量发生了根本变化。藏传佛教作为佛教的一个分支，它的根本教义并未脱离佛教。佛教伦理道德的宗旨正如佛陀亲口所言：“诸恶莫作，诸善奉行，调服已心，此乃佛教。”这种教义对公共利益和伦理道德起着非常积极的作用，蒙古人的精神文化和宗教知识开始有了新的发展，对当时蒙古社会、政治、文化的发展起到了历史性推动作用。时至今日，仍有不少蒙古人信奉藏传佛教。

佛教对自然与生命的诠释虽然带有一定的神秘色彩，却蕴含着深刻的生态内涵。首先，佛教的自然观主张“万物一体”，认为自然万物共生共存、相互促进、相互制约，并与大自然有着千丝万缕的联系，将生命体与生态环境视作统一整体。佛教主张生命体正确回应大自然的召唤，认为大自然为生命体提供赖以生存的环境和物质资料，那么一切生命体作为大自然的一分子，就应当顺应自然、反哺自然。尤其人类绝不可

1　刘钟龄．内蒙古通史（第八卷）：生态环境与生态文明 [M]. 北京：人民出版社，2011.

将自身利益置于自然界之上，应当顾全整个生态系统，维护人与自然的和谐。其次，佛教的生命观坚持“万物皆有佛性”，认为千差万别的众生在佛性上平等。这种平等是宇宙间一切生命体的平等，而不仅仅局限于人类[1]。佛教认可了一切生命体的尊严性，否定了人类伤害包括动植物的任何一种生命体的权利，认为残害生命就意味着悖逆、反叛自然规律。就如英国历史学家汤因比指出：“宇宙万物都有尊严性，包括自然界的无机物和有机物，如果人侵犯了它的尊严性，就等于侵犯了我们自身的尊严性。”佛教呈现出的慈悲为怀、泽被草木、对整体性的探讨与调和的原则以及因缘法则，都包含人与自然万物和谐共生的生态哲学，有利于维护自然生态系统平衡，促进人与自然的和谐发展。最后，在“众生平等”的基础上，“不杀生”的生命实践是佛家的根本观念，将“不杀生”作为第一大戒。佛教信徒普遍崇尚自然、珍视生命，对待野外飞禽走兽爱惜如一，尊重个体生命及其内在价值，不杀生的思想根深蒂固，形成了自然万物共生共存的理念。“护生”“放生”也是佛教主张的善行，能唤起人们的环保道德行为，有利于保护生物多样性。在保护生态的实践活动中，人们只有承认自然界中除人类之外生命物种的内在价值，才能真正做到尊重生命、爱护生命，生态系统才能健康运行。佛教主张善待万物生灵、忌讳杀生，可有力推动构建人与自然和谐的生态世界。

2. 文学艺术

在包括民间故事、神话传说、英雄史诗在内的民间文学中，古代蒙古人有关对生命的认识、对自然的认识及对人与自然关系的认识得到了情感化的表达；并且在生态伦理学的理论框架内，与敬畏生命、尊重生命、和谐共存这一核心思想完全一致。

古代蒙古人对自然的伦理关系，虽然概念、范畴很少，但内容十分丰富。在英雄史诗、神话故事、格言谚语中，充分表达了对自然的情感和保护自然的责任。在文学描述中，古代蒙古人有关对生命的认识、对自然的认识及对人与自然关系的认识得到了情感化的表达；在生态伦理学的理论框架内，对自然的情感，与敬畏生命、尊重自然、和谐

1 莎日娜．蒙古族草原生态文化的传承与借鉴研究［D］．呼和浩特：内蒙古农业大学，2014.

秋韵

共存这一核心思想完全一致。在长期狩猎、游牧生产中，蒙古族领悟到自然给人以生存、给人以财富、给人以幸福，所以，发自内心地热爱自然、尊重自然、感恩自然。在蒙古人的心目中，风调雨顺、水草丰美、牛羊肥壮、人丁兴旺都是大自然的恩赐。一旦得到就顶礼跪拜，真诚感谢。在蒙古族民间祭词《午时》中唱道[1]：

"午时／和风的苍天／祝福，祝福！

群马给牧民的恩赐／献给你阿尔山／祝福，

物质的恩赐／回报其主人；

食物的恩赐／回报其盘器／祝福，祝福！"

自然美是生物与环境共同进化的结果。自然美是最初的美、天真的美、野性的美，不是人类创造的，人类只能享用和保护。蒙古族许多谚语都是歌颂自然美的，如：

1 王立平．生态伦理视域中的草原生态文明——以内蒙古草原为例［D］．长春：吉林大学，2012.

“花卉是草原的服装 / 妇女是家庭的光辉。

茂密的森林 / 是山上的服饰；

漂亮的姑娘 / 是家里的服饰。

无日月天际空旷 / 无花卉草原空旷；

若无太阳 / 宇宙黑暗；

若无牛羊 / 草原空虚。”

在蒙古族心目中，保护草原、爱护森林、保护野生动物，从来就是有道德的善事。在《江格尔》诗句中，英雄江格尔居住的地方是四季如春，如：

“江格尔的宝木巴地方 / 是幸福的人间天堂。

那里人们永葆青春 / 永远像二十五岁的青年 / 不会衰老、不会死亡。

江格尔的乐土 / 四季如春 / 没有炙人的酷暑 / 没有刺骨的严寒 / 清风飒飒吟唱 / 宝雨纷纷下降 / 百花烂漫 / 百草芳芳。”

而破坏植被、开垦草原、残害野生动物是缺德的恶事。在《江格尔》诗句中，蟒古斯居住的地方却是：

“炙人的热风 / 越吹越热，越吹越猛。

萨纳拉和红沙马 / 找不到润喉的一滴水 / 找不到充饥的一棵树 / 红沙马瘦弱疲惫 / 咬了一棵地构叶 / 摇晃倒在路旁的荒坡。”

在蒙古族民间文学中，通过对环境变迁的故事的讲述，通过神话传说中所表达的对生命的理解及对人与自然关系的认识，蒙古族的生态观得到了完整的表述。古代蒙古族对生命的敬畏源于他们对生命现象本身独特的理解与认识；对自然的尊重源于其生存与大自然之间所建立起来的共生关系；而对于与自然和谐共处的坚定信念，则源于在特殊环境中生存的人们所具有的独特价值观。可以看出蒙古族的自然观，基本上包含了蒙古族对自然的道德情感。

蒙古族传统舞蹈包括反映草原游牧生活的生产劳动舞、别具宗教色彩的跳鬼跳神舞、气势恢宏壮观的宫廷舞和庆典舞等。长期居住于辽阔草原的蒙古族，依山傍水、放牧牲畜，历来与自然保持着和谐共处的关系。这些生活特征便构成了蒙古族舞蹈独特的个性和感情色彩。舒展优美的动作展现着风吹草低见牛羊的画境，热情奔放的动律令人感受到骏马的驰骋，充满激情的舞蹈和节奏，伴着亲切的草原牧歌，把牧民对草原的赞美、对未来的憧憬、对美好环境的向往统统融入舞蹈之中，给人以积极向上的情绪感染，使人们不由得联想到大自然的美好，从而倍加珍惜和爱护自然。

在蒙古族传统歌曲方面，由于古代蒙古族游牧生活的移动性和分散性，其艺术创作中没能生成有固定舞台的戏剧，却催生了众多独具特色的民族歌曲。既有深沉舒展的“长调”，也有节奏欢快的“短调”，此外，还有“乌力格尔”和“好来宝”。牧民们在生产生活的实践中，感受自然的美好、理解家畜的感情，形成了以歌唱草原、赞美骏马为主题的牧歌。牧歌的音调高允、节奏自由、气势宽阔、旋律起伏大。音调模拟自然，似风鸣、似马叫，节奏与多种马步节奏相吻合。虽语句不多，但通过补腔手法，运用曲调的技巧充分表达了牧民对草原和万物生灵的深厚情感。例如，早期的《迁营歌》中唱道：“我们的人儿放牧宿营，多么美好的地方，明天早晨拔起帐篷，远在天边云雾迷茫……”人们只要听到牧民唱起高亢的牧歌、拉起悠扬的马头琴，便会联想到水草丰美的草原。

对自然的敬畏使得草原民族自发地对自然资源进行保护，并将视之为自己的神圣职责。草原民族将敬畏生命、顺应自然的朴素的生态保护精神以形象、直观的方式表现在了传统宗教信仰、民间文学中，将与大自然和谐共荣的思想印刻在草原人民的价值观中，不仅有利于促进人与自然的和谐发展，也一定程度上维护了生态平衡，显示出草原民族生态文化中蕴含的传统智慧和环境保护理念。

## 二、农耕生态文化

### （一）文化历史

在数千年漫长的历史长河里，内蒙古农业一直与畜牧业互补，是历代政权的主导发展产业之一。农耕文明与草原文明相携走来，从冲突走向和谐，在碰撞中相互吸纳、相互融合，使游牧文化和农耕文化交融集聚，融合为既有草原本色又具农业文明的独特文化形式，始终是对立统一的有机整体。

金河套

1. 东部地区农耕生态文化历史

在人类历史时期中，内蒙古东部地区先后出现过兴隆洼文化、红山文化、夏家店下层文化等发达的农业文明。近千年来，农耕文化与草原游牧文化不断交织、几度更替，到清代，内蒙古又再次迎来了农耕发展高峰期。内蒙古自清代开始垦殖草原，改变了延续几百年的游牧状态，使内蒙古的社会经济逐次改变为以牧为主的半农半牧—半农半牧—以农为主的半农半牧，直至部分地区变成纯粹的农耕地区[1]。同时，随着农牧业格局的发展演化，昔日的游牧人也逐渐演变成今日内蒙古的农耕主力之一。到20世纪90年代，分布着内蒙古蒙古族人口1/3的哲里木盟，其北部少数几个苏木为纯游牧地区外，其他全部演变成农区或农牧业并存区，该区的蒙古族几乎都成为务农的现代蒙古族农民。

2. 西部地区农耕生态文化历史

内蒙古西部地区农耕文化主要以河套文化和土默特文化为代表。河套是游牧民族长期居住的地方，政治隶属历经迭变。从东周时，赵武灵王把赵国版图扩到阴山山脉，设立云中郡（在今呼和浩特市托克托县东北），这意味着河套种植业已经初步形成[2]。秦始皇统一六国，再次把匈奴赶过阴山，迁入河套3万户，并设云中、九原两郡（在今包头市西）。汉代在此设朔方郡（在今巴彦淖尔市磴口县保尔套勒盖灌区）并多次移民大修水利，兴建一些渠道等灌溉工程。魏、晋、南北朝时，游牧民族迁来，复为牧区。唐代又转为农区。西

1　赵春雷．清末民国时期内蒙古东部农耕研究 [D]. 呼和浩特：内蒙古大学，2012.

2　宋启超．河套文化——农耕文明与游牧文明交融集聚的光辉典范 [J]. 河套大学学报，2008，5（1）：13-17.

夏和北宋对峙，契丹人向西扩展，在此设立丰州（在今呼和浩特市东郊），农牧并兴。自元代以后，明、清废州，恢复畜牧。清朝后期，陕、晋各地部分居民迁入河套，大量开垦农田，在黄河两岸，经营种植业。即使在中华人民共和国成立后，实行民族区域自治，这里的行政区划，也曾多次在多个省区和盟市之间调整变动[1]。

直到今天，分属于呼和浩特、包头、鄂尔多斯、巴彦淖尔、乌海、阿拉善等地区，形成了河套文化和土默特文化聚集区。

**（二）地域分布**

内蒙古自治区拥有耕地面积 735.5 万 $hm^2$，人均占有 0.31 $hm^2$，居全国之首，是全国人均耕地的 4 倍。内蒙古农业区主要分布在大兴安岭和阴山以东和以南地区、河套平原、土默川平原、西辽河平原、嫩江西岸平原和丘陵地区，有适宜农作物生长的黑土、黑钙土、栗钙土等多样性土壤地带和可利用的地上、地下水资源，是我国重要的粮仓。内蒙古种植业生产目前已初步形成了比较合理的四大区域结构，即河套、土默川平原优质小麦生产区，西辽河流域优质玉米生产区，大兴安岭东南优质大豆生产区，中西部优质马铃薯生产区。

**（三）地位和作用**

1. 赋予中华生态文化独特的多样传承

内蒙古地理环境复杂、地域广阔、民族多样，发育了多种农耕文明和草原文明。在我国最大的农牧交错带上，游牧的流动性，大规模的移民与军屯，多民族长期的交流与互动，为农耕文明和草原文明的交融提供了许多历史机遇。这些优越条件与机缘，造就了内蒙古农耕生态文化“海纳百川”的包容禀赋和“独树一帜”的鲜明特点。农耕文化与草原文化融合交织，衍生出了更加独特的生态文化形式与意蕴，使中华文化既有博大的丰富性和多样性，又充满生机与活力，能够在历史长河中源远流长、长盛不衰。

2. 赋予中华生态文化悠久的动力源泉

在漫漫的历史长河中，内蒙古草原文明与农耕文明交汇融合，形成了举世闻名的

---

1 宋启超．河套文化——农耕文明与游牧文明交融集聚的光辉典范［J］．河套大学学报，2008，5（1）：13-17.

红山文化、大窑文化、河套文化、萨拉乌苏文化、夏家店文化、扎赉诺尔文化等。与草原文化的交织和包容，使内蒙古创造了多样性农业生产和丰富的农耕文化，是草原人民数千年生产生活经验积淀的结晶。在它形成发展的过程中，浸透着历代先贤的血汗，凝聚着多民族的智慧，集中升华了历史实践、经验、教训和成功，反映了草原人民对人与自然之间的关系、规律的认识和把握。传承和利用好这些丰富的人文精神与自然资源，对当今改善生态环境，保障农产品质量安全，发展休闲与旅游农业，实现农业可持续发展，以及弘扬民俗文化、传统文化，丰富人民群众的文化生活，都具有积极的作用和重要的意义。

**（四）主要特征**

1. 交融性

在长期的历史演进中，游牧的流动性，战争的反复性，地理、历史和政绩经济交融发展的优越条件和历史机遇，使内蒙古农耕文化与草原文化交织起来，在碰撞中相互吸纳、相互融汇，近似于一种历史的积累性设计，使游牧文明与农耕文明交融集聚，共生着在此遍及于空间，又延伸于时间。农耕文化通过与草原文化的交融，汲取了草原文化的精髓，是多元文化交融的结晶，也是多元文化交融的光辉典范。

2. 重要性

内蒙古的农业生产区是中原内陆与北方草原的结合部，也是民族交往的东西走廊，是草原的前沿、中原的边疆，具有极其重要的战略地位。同时，内蒙古农业区地域广阔，且受到草原的滋养，土壤质地优良，虽历经自然的变迁和战争的破坏，也没能改变其富饶的禀赋。在此条件下发源的农耕生态文化历史悠久、积淀深厚，具有极其重要的传承价值。

3. 丰富性

在历史、地域和民族融合的演化过程中，内蒙古农耕生态文化非常丰富。北方蒙古文化、阴山渔猎文化、黄河农耕文化、东部森林文化、西域边塞文化、中原移民文化等多种文化元素一起交织汇集，形式多种多样，文化资源非常丰富。

锡林郭勒盟多伦县三道沟林场——天然沙地榆树林

## 三、森林生态文化

### （一） 地域分布

森林是陆地生态系统的主体，是“地球之肺”，在生态环境维持和改善方面起着不可替代的重要作用。内蒙古自治区的森林分布有大兴安岭原始林区、11 片次生林区以及各地经过长期建设形成的人工林区，全区森林面积为 2 366.7 万 $hm^2$，森林覆盖率为 20%，森林资源总量位居全国前列[1]。区内森林植被主要分布于大兴安岭、燕山北部、阴山山脉及贺兰山等山区，其他山区也有少量分布。就行政区划而言，区内森林主要分布于呼伦贝尔，其森林面积和蓄积量占全区的 65% 以上，主要树种有兴安落叶松、

1　杨浩，胡中民，张雷明等．内蒙古森林碳汇特征研究进展［J］．应用生态学报，2014，25（11）：3366-3372.

白桦、杨树、榆树、栎树、樟子松、油松等。但内蒙古自治区森林资源分布不均，其中：大兴安岭原始林区森林覆盖率为77.2%，大兴安岭南部山地等次生林区森林覆盖率为48.3%，其他地区森林覆盖率仅为9.70%。全区乔木林单位面积蓄积量为70 $m^3/hm^2$，是全国平均水平的81.5%。在森林资源中阔叶林面积最大，随后依次是针叶林、针阔混交林、灌木林、疏林。

### （二） 地位和作用

#### 1. 赋予生态文明更丰富的内涵意义

森林作为一个和谐的和可持续的复杂的生态系统，是陆地生态系统的一部分，是人类和其他生物得以生存和发展的重要依托，其所孕育出的森林生态文化也是生态文明重要的载体之一。生态文明是人、自然、社会三者之间相互有机联系的总观点，以及正确处理三者关系的科学方法，是关于生态文明的一系列思想、观点的总和，是指导生态文明建设的根本理论体系与道德伦理规范[1]。

探索和研究森林生态文化可以成为找到开启人与自然和谐共处大门的钥匙，通过完善森林生态文化体系可为生态文明建设提供更广泛的传播途径。同时，丰富森林生态文化可以唤起大众保护生态环境与森林环境意识，正确认识人与自然、森林的关系，从而亲近和保护自然。

#### 2. 赋予生态文明更积极的道德力量

人与自然和谐的森林生态文化是生态文明建设的物质基础和可持续发展的条件。经营管理森林，需要规章制度，同样也需要文化的力量。社会可持续发展的底层支撑是森林文化，森林文化具有滴水穿石的恒久力量，体现在人与森林的关系上，可以开启生态文明的视角，以科学的生态伦理观来规范人们的观念和行为。使人们在体验森林生态文化的同时，将森林生态文化深深根植在内心深处，进而演化成一种道德规范。使森林生态文化以生态文明建设为中心，以人类社会与生态环境的和谐共同为目标，为生态文明建设服务。

---

1 樊雅丽．森林生态文化建设的环境社会学视野［J］．湘潭大学学报（哲学社会科学版），2010（5）：157-160.

溢满金色

3. 赋予可持续发展更新颖的生态理念

森林文化是扎根于各个地方的各种生活技能、知识、思想培养起来的森林与人之间物质文明和精神文明相互联系的总体。人与森林之间的相互依存、互相关系是一种深层次的相互关系。在建设生态文明的大背景下，森林生态文化需要结合当代经济社会发展现状和自然条件情况，总结提高，在继承中创新，在摸索中发展，使森林生态文化更加完整与系统，更具有科学性、民族性、时代性，为保护森林、反哺森林、建设森林提供理论支持，为更好地建设生态环境和经济社会可持续发展提供服务。加强森林生态文化建设，从根本上促进环境与社会的可持续发展。

**（三）主要特征**

1. 生态性

森林作为陆地上庞大的生态系统之一，是陆地上生态系统的主体，是自然界功能完善的资源库，它所具有的生态性是十分重要的。森林有净化空气、涵养水源、防风固沙、保持水土、改良土壤、调节气候、降解有毒物质、减少污染等功能。保护森林生态系统可以为生态环境问题的改善和解决提供支持与保障。森林生态文化可以基于其生态性为培养大众的生态情感、生态意识奠定基础。

2. 科学性

保持森林生态系统的整体平衡一方面可以保护生态环境，另一方面也可以保护可供人类利用的自然资源。森林资源并非取之不尽用之不竭，对森林资源的开发与利用必须保持科学的方法与态度。研究森林生态文化必须将自然科学与人文科学进行有机结合，充分揭示生态环境问题的实质与根源，使森林生态乃至自然生态环境的保护和建设更加遵循自然规律，才能够引导和教育大众自觉地投身生态环境保护和改善。

3. 民族性

不同的民族在利用、探索森林生态环境的过程中逐渐培育了不同的民族生态文化。生活在大兴安岭林区的内蒙古“三少民族”——鄂伦春族、鄂温克族和达斡尔族，在生活环境、生活方式、生产方式、思维、认知、宗教、风俗等不同因素的作用下，使森林文化具有了特殊的民族性和差异性，从而形成了多样且丰富的森林生态文化。

卓资县林海风光

## 四、沙漠生态文化

### （一） 地域分布

荒漠主要位于内蒙古自治区中西部，据 2009 年第四次全国荒漠化和沙化土地监测结果，全区荒漠化土地面积为 61.77 万 $km^2$，占自治区总土地面积的 52.2%；沙化土地总面积为 41.47 万 $km^2$，占自治区总土地面积的 35.05%[1]。

内蒙古是我国仅次于新疆的第二大沙漠分布区域，拥有独特的沙漠景观，境域内分布着巴丹吉林沙漠、腾格里沙漠、乌兰布和沙漠、库布齐沙漠、毛乌素沙地、浑善达克沙地、科尔沁沙地、呼伦贝尔沙地。其中，巴丹吉林沙漠位于阿拉善盟，面积达 4.92 万 $km^2$，是世界四大沙漠之一，也是我国第二大沙漠。

沙漠化面积最大的位于内蒙古最西部的阿拉善盟，其沙漠化面积为 20.33 万 $km^2$，占据了整个内蒙古自治区的 57.13%，境内有戈壁及三大沙漠（巴丹吉林沙漠、乌兰布和沙漠和腾格里沙漠）。第二的为锡林郭勒盟，有 5.93 万 $km^2$，占据了整个内蒙古自治区的 16.66%，境内有浑善达克沙地。巴彦淖尔市位列第三，乌兰布和沙漠的一部分分布在这里。最小的为兴安盟，仅有 127.61$km^2$，不足 0.05%。[2]

### （二） 地位和作用

1. 赋予人与自然和谐共处的新内涵

土地荒漠化是当今困扰人类的环境问题之一，而我国又是世界上荒漠化问题最为严重的国家之一。尽管如此，沙漠本身对于人类而言仍然有着经济价值、生态价值、美学价值、科学价值等。但在除去是否有利于人类、是否能够为人类服务的价值之外，沙漠作为地球上原本存在的一部分具有自身的价值。戴秀丽、揭芳在《关于沙漠生态文化的几点思考》一文中提出：“对沙漠生态文化的研究，应该从非人类主义的立场出发，认可沙漠作为整个生态圈的一个组成部分，虽然其自然生态环境极为恶劣，但仍然有大量的生命存在，众多植物、生物和微生物在这里生存和繁衍，生生不息，具有内在价值和权利。”在生态文明建设处在突出地位和提倡人与自然和谐发展的今天，

1 内蒙古自治区人民政府．内蒙古自治区构筑北方重要生态安全屏障规划纲要：2013—2020 年：[R].2015.
2 马文勇．内蒙古自治区近十年沙化动态特征及影响因素分析 [D]．杨凌：西北农林科技大学，2013.

理性回归适应自然的主线，采取适度的规模与技术“利用”自然，以适当行为方式促进人类社会的可持续发展，以适量的标准规范人类的消费行为，遵循自然规律适时调整人与自然的关系。沙漠本身是大自然形成的地貌景观和生态系统，不是所有的沙漠都需要改造，也不是所有的沙漠都能改造。我们不能违背自然规律，应尊重自然、顺应自然，脆弱的沙漠生态系统，就更需要我们重视、保护与合理利用。[1]

2. 赋予应对恶劣自然环境的信念指引

长期以来，人类面对沙漠的威胁，从来没有选择屈服，而是在沙漠中巧妙的生存，用毅力去改造沙漠，智慧地适应沙漠，甚至以期去征服沙漠。其过程虽然充满了艰辛与坎坷，但更体现了人类的意志与力量，这一过程中保护环境的精神像一座丰碑，激励着人们。人类不断和自然抗争的治沙精神，不断了解和认识人与自然相互依存的关系，不断增强保护生态环境的意识，倡导生态、经济、社会协调发展的循环经济理念，传播人与自然和谐相处的科学发展观，是沙漠生态文化赋予人与自然和谐共处的积极意义。

3. 赋予生态旅游不同的资源优势价值

内蒙古拥有全国 12 大沙漠（地）中的 8 个，即巴丹吉林沙漠、腾格里沙漠、乌兰布和沙漠、库布齐沙漠、毛乌素沙漠、浑善达克沙地、科尔沁沙地、呼伦贝尔沙地。且内蒙古的沙漠景观具有典型性，巴丹吉林沙漠面积 4.7 万 $km^2$，是我国第三、世界第四大沙漠，其西北部还有 1 万多 $km^2$ 的地域至今尚人迹罕至。巴丹吉林沙漠是世界唯一高大沙山群分布密集的沙漠，一般海拔高度在 1 200 ~ 1 500 m，沙山相对高度可达 500 多 m，为世界沙漠之最，堪称“沙漠珠穆朗玛峰”[2]。内蒙古特殊的自然生态环境，以及作为蒙古族聚居区所具有的其他地区难以比拟的民族魅力与风情，都影响着内蒙古的沙漠生态文化，这也使得内蒙古境内的沙漠地区呈现出特殊的人文环境，成了内蒙古沙漠生态旅游的独特资源。

---

1 戴秀丽，揭芳．关于沙漠生态文化的几点思考［J］．生态文化，2016（5）：41-44.
2 刘丹丹．内蒙古旅游产业发展研究［D］．上海：上海社会科学院，2007.

### （三）主要特征

1. 忍耐性

处在沙漠地区的人类与动植物，都需要经受风沙、严寒与酷暑等自然环境的考验，在这样恶劣的生存条件下，人类需要顽强的意志力和坚韧的生存信念才能坚持在沙漠中生活、工作，其他生物则逐渐演变出了适应干旱缺水的沙漠环境的生理构造。有了人类和各种生物的共同忍耐，才有了沙漠中的人类文明和生物的多样性，才有了多元化的沙漠生态文化。

2. 创新性

沙漠精神文化包含着艰苦卓绝的奋斗精神、拼搏精神、进取精神，灵巧睿智的创新精神，严谨周密的科学精神，超常的忍耐精神和无私无畏的奉献精神等多种精神文化。人类通过防治荒漠化的大量实践行动，获得了巨大的精神财富，成了沙漠生态文化的重要部分，体现了人类为了适应沙漠生态环境、改善沙漠环境、改变生活方式做出的巨大努力。

3. 奉献性

沙漠生态文化中的奉献精神、吃苦精神、忍耐精神可以用“胡杨精神”来概括。胡杨是古老的树种，有很强的生命力，耐旱、耐寒、抗风沙、耐盐碱，“活着昂首一千年，死后挺立一千年，倒下不朽一千年”，被称为英雄树、生命树、不死树、历史见证树。胡杨以其顽强生长、不畏艰辛的特性不断激励人们，形成了催人奋进的推动力，产生了良好的社会影响，是民族和个人所应具有的精神和意志的体现。

## 第三节　生态文化建设取得的成就

内蒙古生态文化发展的历史，总是和草原紧紧联系在一起。辽阔的草原孕育了蒙古民族，并见证了这个民族从小走向辉煌的历程。七十载砥砺奋进，旧貌换新颜。在中央的正确领导和关怀下，内蒙古始终坚守绿色底线，从战略和全局高度推进生态文明建设，坚持不懈，步履铿锵，将我国北方重要的生态安全屏障构筑得更加牢固。

### 一、生态文明建设发展历程

回顾内蒙古七十年生态文明的建设历程，大体可分为三个阶段。

**（一）从内蒙古自治区成立到党的十一届三中全会**

这一时期，内蒙古自治区生态文明建设的重点是保护草原、森林、矿山等自然资源。1947 年 5 月 1 日，内蒙古自治区作为我国第一个少数民族自治政府正式成立。由于连年的战争和饥荒，内蒙古自治区政府开始开荒种粮，以期增加粮食产量。但对于开垦草原的现象，自治区党委、政府始终秉持乌兰夫同志提出的“保护牧场，禁止开垦”政策，采取一系列措施对开垦草原的行为加以制止和处理。内蒙古响应国家号召，大力推进植树造林，在《施政纲领》中就提出了“提倡造林，保护森林，施行有计划的采伐”的方针。1950 年 5 月，政务院发布《关于全国林业工作指示》，从此全区植树造林迈出较大步伐。1960 年在“以粮为纲”的片面号召下，乌兰夫同志顶住压力，纠正开垦草原的错误决定，保住了呼伦贝尔、锡林郭勒 4 000 km 绿色屏障。1963 年 5 月 11 日，内蒙古自治区人民委员会首次发布《内蒙古自治区草原管理条例（试行草案）》，对当时草原管理方面的一些重要问题作了法律规定，这是已知在全国各省份中最早公布的关于草原管理的地方性法规。1965 年 4 月 30 日，自治区人民委员会修改并发布了《内蒙古自治区草原管理条例》，共 14 条，对保护草原植被作了法律规定。1971 年 10 月 18 日，自治区党委《关于当前农村牧区若干政策问题的规定》中提出“牧区要坚持以牧为主，农林牧结合，因地制宜，全面发展的方针。反对不顾条件大量开荒的错误做法，防止草原沙化”。

**（二）从党的十一届三中全会到“新世纪”**

以党的十一届三中全会为标志，党和国家在大力推动经济建设的同时开始重视生态环境保护，全社会迈出了环境保护和生态建设的有力步伐。内蒙古自治区既是我国重工业发展较快的地区，又是生态环境脆弱的地区。改革开放以来，内蒙古自治区经济持续高速增长，生态环境问题也面临着严峻的形势。内蒙古自治区的发展遵循国家发展的指导方针，从加快经济发展开始就采取了一系列的生态环境保护措施。自治区党委、政府始终高度重视环境保护和生态建设工作，特别是国家实施西部大开发以来，内蒙古自治区环境保护和生态建设取得了积极进展。全面启动了营造青山、碧水、蓝天、绿地工程，加大环保投入力度，强化环保监察工作，使生态文明建设开始有序地向前发展。

环境保护机构逐步建立和完善。1979 年《中华人民共和国环境保护法（试行）》颁布实施以来，自治区环境保护工作开始运用法律、法规管理。1983 年 9 月，自治区城乡建设环境保护厅成立，内设环境保护处。1994 年 5 月 5 日，自治区决定撤销城乡建设环境保护厅，分别设置建设厅和环保局，1995 年 5 月 15 日自治区环保局正式成立。

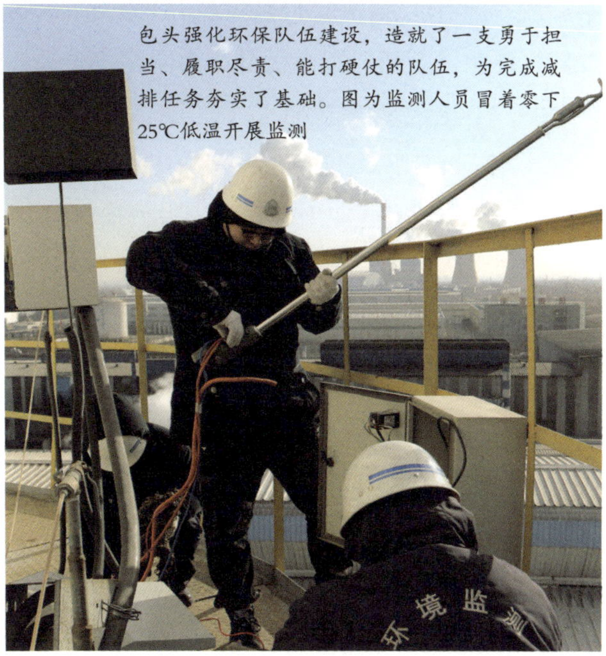

包头强化环保队伍建设，造就了一支勇于担当、履职尽责、能打硬仗的队伍，为完成减排任务夯实了基础。图为监测人员冒着零下25℃低温开展监测

污染防治工作开始实施。内蒙古污染防治工作始于 1972 年全国节约工业用煤会议，1977 年要求所有排烟设备都安装消烟除尘设施。从 1981 年起包头市、呼和浩特市、乌海市被列为治理污染重点城市。1986 年 11 月 4 日，

近年来包头重拳打击环境违法行为，取缔十小企业2 000多家。图为清理取缔昆河周边违法企业

自治区人大常委会颁布实施了《包头市环境综合整治条例》，成为自治区颁布的第一个地方环境保护法规。1991年3月23日，自治区人大常委会第十九次会议通过颁布《内蒙古自治区环境保护条例》之后，自治区政府作出了全区环境保护6条贯彻意见。1996年，自治区环保局代表自治区党委、政府拟定了《关于加强环境保护工作的决定》，确定了自治区环境保护工作的目标、重点，把环境保护目标列入党政领导班子实绩考核的内容。

生态保护与建设稳步推进。大力开展植树造林，1978年以来，全区开展以根治风沙危害和水土流失为目标的“三北”防护林建设工程，取得了前所未有的成就。1982年2月，自治区人民政府给各地下达《关于大力开展全民义务植树运动的通知》，动员各行各业、各部门和人民群众共同推进全民义务植树和绿化祖国工程。加大草原保护力度，20世纪80年代初正式提出“以草定畜、草畜平衡”的思想，经过多年的宣传、争论、实践和工作，终于形成共识，在思想、政策、法规和技术规范等各方面得到确认。这是自治区草原畜牧业生产管理的一项重要成果。1982年3月26日，自治区党委办公厅印发了《内蒙古自治区草原管理条例（例行）》。1984年7月，自治区党委召开的牧区工作会议，首次提出“草畜双承包”责任制，打破了草原“大锅饭”现象，建设和保护并举，形成可持续发展的草原畜牧业。

**（三）“新世纪”到党的十八大**

生态文明建设是我国当代一个重大而紧迫的发展课题。党的十六大报告指出树立全民环保意识，搞好生态保护和建设，党的十七大明确提出了生态文明建设的具体内容和要求。内蒙古自治区党委、政府从战略和全局的高度充分认识加快推进生态文明建设的极端重要性，内蒙古生态文明建设进入快速推进期。

1. 2001—2007 年

这一时期，内蒙古的生态文明建设有了长足的发展，随着环境资源问题逐渐凸显，内蒙古进行了一系列生态建设和环境保护工作，生态文明建设取得了一定成果。

生态环境保护意识不断提高。2003 年，党的十六届三中全会第一次表述科学发展观的定义，将可持续发展作为科学发展的基本要求和主要内容，2005 年党的十六届五中全会提出“资源节约型、环境友好型”社会的目标要求。自治区党委、政府始终高度重视生态建设和环境保护，特别是国家实施西部大开发以来，内蒙古环境保护工作取得积极进展。

环境监管机制逐渐完善。2005 年，内蒙古自治区 12 个盟市和 2 个准地级市都成立了独立的环境保护局，旗、县、区政府单独设立环保局的有 100 个。2004 年自治区环境监察总队成立，是专门从事环保行政执法的机构，全区基本建立起自治区、盟市、旗县区三级环境监察机构体系。

重点推进环境保护和污染治理。内蒙古加大环境执法力度，实施了污染物排放总量控制，积极推行清洁生产，严格控制新污染源的产生。结合全区产业结构调整和企业技术改造，加强了老污染企业的治理力度，有效降低了污染物的排放量。严格执行环境影响评价和“三同时”制度，加大排污费收缴力度，对全区 21 个城市进行环境综合整治年度考核。

生态建设是这一阶段内蒙古实施西部大开发战略的重要切入点，是最大的基础建设，自治区党委、政府抓住西部大开发的机遇，把生态建设作为首要任务，“十五”期间相继启动实施了天然林保护工程、退耕还林还草工程、“三北”防护林建设工程、水土保持工程、京津风沙源治理工程等重点生态建设工程，范围涉及 90% 以上的盟市和旗县。

2. 2007—2012 年

党的十七大明确提出了生态文明建设的具体内容和要求，即建设生态文明，基本形成节约能源资源和保护生态环境的产业结构、增长方式、消费模式；主要污染物排放得到有效控制，生态环境质量明显改善，生态文明观念在全社会牢固树立。

在经济快速增长、资源和能源消耗量同步增长的情况下，内蒙古加快建设资源节约型、环境友好型社会。新建或续建了八大重点生态建设工程，积极发展循环经济和清洁生产，广泛倡导低碳理念与绿色循环发展，加强节能减排工作，全区污染减排取得了突破性进展，二氧化硫和化学需氧量排放量实现双下降，污染防治由被动应付逐步转向主动防控，全区环境污染和生态破坏势头整体得到遏制，部分地区和城市环境质量有所改善，重点行业污染治理取得积极进展，生态保护和建设得到加强，重点流域、区域和城市环境质量有所改善。

加大对重点行业清理整治力度，促进行业结构调整，全面开展工业园区的综合整治。2009 年，大力实施重点城市大气污染防治工作，在呼包鄂地区实行区域大气污染联防联控。加强重点流域、区域水污染防治工作，加快流域内城市污水处理厂建设进度，开展饮用水水源保护区划定。2010 年，全区 12 个盟市首次实现二氧化硫和化学需氧量排放量“双降”。农村环境污染防治工作开始启动，重点做好农村饮用水水源地保护、基础设施建设、生活污水、垃圾污染治理等工作。

继续推进生态建设进程。天然林保护、退耕还林、退牧还草、“三北”防护林、京津风沙源等一系列生态建设重点工程继续稳步实施。全面推行禁牧休牧划区轮牧和草畜平衡制度，2011 年开始实施草原生态保护补助奖励机制，10.2 亿亩草场被列入补助奖励的范围。继续加大生态建设重点工程实施力度，重点防治土地沙化和水土流失。

3. 党的十八大以来

党的十八大把生态文明建设纳入中国特色社会主义事业“五位一体”总体布局，党的十九大对生态文明建设提出了一系列新论断、新目标、新部署，为走向社会主义生态文明新时代提供了新的纲领性指导。自治区党委、政府牢记党中央嘱托，深入贯彻习近平总书记考察内蒙古重要讲话精神，高度重视生态文明建设，明确提出坚守“发展、生态、民生”三条底线，把内蒙古建设成为我国北方重要的生态安全屏障。这一时期，内蒙古生态文明建设进入了全面深化发展期，提出“坚持五大发展理念，以提高发展质量和效益为中心，统筹推进‘五位一体’建设，走新型‘四化’同步发展之路，将生态文明建设落实到内蒙古各项事业发展的实践中，全力打造生态文明的亮丽风景线。

近年来包头投资60亿元，大力实施水流域污染防治工程及河道整治和黑臭水体治理，确保了水环境安全，改善了生态环境。图为市郊防洪沟治理工程

包头加快污水处理厂建设，实现了县县都有污水处理厂，污水处理率达到92%。因为包头最大的污水处理厂——新南郊污水处理厂

全面深化生态环保领域改革，自治区党委、政府适时出台了《关于加快推进生态文明建设的实施意见》和《关于加快生态文明制度建设和改革的意见》。在全国率先制定《党委、政府及有关部门环境保护工作职责》和《党政领导干部生态环境损害责任追究实施细则（试行）》，明确党委、政府及39个部门环境保护工作职责。环境治理市场化改革实现新突破，探索推行环境污染第三方治理模式。开展自然资源资产负债表、党政领导干部生态环境损害责任追究等相关制度及研究制定工作。

环境质量改善和污染防治工作深入推进。大气污染防治深入实施，以乌海市及周边地区为重点区域，建立区域大气联防联控工作机制，推进区域环境综合整治。水污染防治加快推进，制定实施《内蒙古自治区全面推行河长制工作方案》，实施重点流域水污染防治，清理工业企业违规用水行为，开展地下水超采综合治理，强化饮用水水源地环境保护。认真贯彻落实《土壤污染防治行动计划》，土壤污染防治扎实开展。以综合治理为出发点，针对不同区域生态综合治理的不同需要，以治理生态环境、促进民生改善为目标，结合经济转型、产业升级、社会发展等综合措施，推进区域性生态、经济、民生统筹发展，建立生态保护的长效机制。逐步建设低投入、高产出、低消耗、少排放、能循环、可持续的绿色发展体系。坚持以优化城乡人居环境为落脚点，促进人与自然和谐发展。生态系统步入良性循环，草原植被覆盖度和森林覆盖率进一步提高，单位生产总值能耗和主要污染物排放量大幅降低，可持续发展能力显著增强，努力实现美丽与发展双赢。

生态保护与建设成效卓著。继续实施生态建设重点工程。建立水源涵养型、防风固沙型、水土保持型和生物多样性保护型等重要生态功能区。强化环保监督管理手段，促进自然保护区从“数量规模型”向“质量效益型”转变。完善草原建设，全面推行禁牧休牧划区轮牧和草原平衡制度。

## 二、生态文化建设取得的成就

绿色是内蒙古的底色和价值，生态是内蒙古的责任和潜力。党的十八大以来，自治区党委、政府认真贯彻落实党中央、国务院推进生态文明建设重大决策部署，坚持把加强生态保护建设、筑牢我国北方重要生态安全屏障作为重大政治责任和重大战略任务，从全国大局高度和保障民生福祉出发，持续有力加以推进，美丽内蒙古建设取得显著成效，建设我国北方重要生态安全屏障迈出坚实步伐。

### （一）生态文明观念不断深入人心

草原文化书写了世界历史上最壮阔的篇章，其中蕴含着深邃的生态意识为内蒙古生态环保思想的深入人心打下了坚实的基础。在自治区党委、政府的正确领导和引领下，全区广大干部群众切实把思想和行动统一到以习近平同志为核心的党中央关于生态文明建设的决策部署上来，“绿水青山就是金山银山”“像对待生命一样对待生态环境”“山水林田湖草是一个生命共同体”“实行最严格的生态环境保护制度”等生态文明理念成为全区各族干部群众的最大共识，贯彻生态文明理念的自觉性和主动性显著增强。内蒙古各级领导干部执政理念发生了深刻变化，开始真正意识到生态环境保护“党政同责”“一岗双责”的分量，不能吃祖宗饭、断子孙路，用破坏性方式搞发展，逐渐成为共识。在新发展理念引领下，坚决摒弃损害甚至破坏生态环境的发展模式，坚决摒弃以牺牲生态环境换取一时一地经济增长的做法，不仅正在成为共识，更汇聚成经济发展的新动力和增长点。人们对经济发展与环境保护关系的认识发生了深刻变化，绿色发展理念日益深入人心。越来越多的地方把加强环境保护作为机遇和重要抓手，下决心解决产业、能源、交通等问题，着力拓展新的发展空间、提升经济发展质量和城市竞争力。越来越多的企业认识到加强环境保护符合自身长远利益，努力在环保标准提升中提高效益。保护环境、人人有责的观念逐步深入人心，绿色消费、共享经济快速发展，全社会关心环境、参与环保的行动更加自觉。

**（二）经济社会发展方式明显转变**

内蒙古自治区成立70年来，经济发展实现历史性跨越，社会建设实现历史性进步，取得了举世瞩目的发展成就，谱写出波澜壮阔的历史篇章。全区转型升级步伐明显加快，初步形成了多元发展、多级支撑的产业格局。农牧业提质增效，粮食产量由215.8亿kg增加到282.7亿kg，牛奶、羊肉产量居全国首位，农畜产品加工转化率由51%提高到58%。工矿业转型升级，由“一煤独大”向产业多元转变，煤炭对工业增长贡献率由33.5%下降到11.3%，装备制造、高新技术、有色金属和农畜产品加工业贡献率由31.7%上升到49%。电力装机由6 458 kW增加到1亿kW，风电装机由968万kW增加到2 316万kW，均居全国首位。现代煤化工、稀土新材料、云计算等产业规模居全国前列。服务业比重明显提高，现代物流、文化旅游、金融保险、电子商务等蓬勃发展。非公有制经济快速健康发展，占地区生产总值的比重由43%提高到64%。大力实施创新驱动发展战略，优势产业装备技术达到国内先进水平。

**（三）生态环境质量改善成绩斐然**

“十二五”期间，内蒙古自治区生态环境持续改善，实施了京津风沙源、“三北”防护林、天然林资源保护、退耕还林还草、退牧还草等重点生态建设工程，实施了草原补奖机制和重点区域绿化工程。全区森林面积和林木蓄积量实现“双增长”，由“十一五”末的3.6亿亩、13.6亿$m^3$提高到3.8亿亩、14.84亿$m^3$。森林覆盖率达到21.03%，草原植被盖度达到44%。草原生态补奖政策全面落实，自治区重点区域绿化

锡林郭勒盟多伦县百万亩樟子松造林工程水泉项目区绿化成效

工程持续大力推进。与此同时，荒漠化、沙化土地面积连续15年保持“双减少”，五大沙漠周边重点治理区域沙漠扩展现象得到遏制，沙漠面积相对稳定。五大沙地林草盖度均有提高，沙地向内收缩。全区5 133万人次参加了义务植树活动，将3.4亿株绿树种在了内蒙古的土地上。

内蒙古自治区大气环境质量不断改善，2015年，全区12个盟市空气质量优良天数比例达到了86.0%。实施大江大河和中小河流治理工程。对呼伦湖、乌梁素海、岱海等进行综合治理。实施黑河生态补水，保障了东居延海补给水源。划定8处地级城市集中式饮用水水源保护区，城镇集中式饮用水水源达标率达到了100%。开展了耕地轮作休耕制度试点。出台了内蒙古矿山地质环境的治理办法，累计治理矿山地质环境面积608.7 $km^2$。

针对环境污染和生态破坏趋势，内蒙古自治区踩了“急刹车”。全区单位生产总值能耗和二氧化碳排放分别下降18.8%和22.7%，主要污染物中，化学需氧量、二氧化硫、氨氮和氮氧化物分别下降10.18%、8.13%、12.6%和8.83%，均超额完成任务。

**（四）生态文明体制改革纵深推进**

发展中保护，保护中发展。为深入推进生态文明建设，自治区出台了《加快推进生态文明建设的实施意见》《加快生态文明制度建设和改革的意见及分工方案》和一系列配套文件，确立了生态文明制度建设框架和推进生态文明体制改革的时间表、路线图，生态文明建设步入制度化、法治化轨道。

探索编制自然资源资产负债表，出台自然资源实物量变动表编制工作方案。开展领导干部自然资源资产离任审计试点，制定了自治区领导干部自然资源资产离任审计试点实施方案。建立国土空间开发保护制度，实施自治区主体功能区规划，全面推进生态保护红线划定工作，26个旗县市开展了基本草原红线划定试点。全面建立河长制等各项改革扎实推进，实施了水功能区分级分类管理。成立了自治区水权收储转让中心，在呼、包、鄂先期开展碳排放权交易试点，全面实行了排污许可证制度、排污权有偿使用和交易制度。建立起跨区域大气污染防治协作机制，确立了公安、交通等15个部门会商联动机制。国有林场林区改革，水权、碳排放权、排污权交易试点有序推进。

**（五）生态环保监管体系日益完善**

生态环保法制建设不断健全，内蒙古初步建立起源头严防、过程严管、后果严惩的生态环保制度框架。5年来，全区生态文明制度逐步完善，耕地、水资源、林业、生态保护红线划定工作全面启动，基本草原的划定基本完成；“多规合一”试点改革和国家主体功能区试点示范深入推进，内蒙古森工集团、岭南八局还有102个林场全面停止了天然林商业性采伐。

按照《大气污染防治行动计划》《水污染防治行动计划》《土壤污染防治行动计划》的工作部署，以及被称为“史上最严”的新环保法从2015年的开始实施，内蒙古自治区生态环保执法监管力度空前。压减燃煤、淘汰黄标车、整治排放不达标企业，启动大气污染防治强化督察等一系列的环保重拳出击。开展环境保护督察，以督促地方党委、

随着大气污染治理力度的不断加大，包头的蓝天越来越多，百姓尽享空气质量改善带来的成果。
图为远眺包头市区全景

政府落实“党政同责、一岗双责”为重点，实现环境保护督察全覆盖。

**（六）生态文化建设步伐持续加快**

自治区成立70年来，在自治区党委、政府高度重视下，内蒙古始终秉承尊重自然、保护环境的生态理念，在此基础上不断继承和发展具有鲜明民族特征的生态文化，为发展社会主义先进文化做出了重要贡献。

近几年来，内蒙古生态文化体系建设不断加强，生态文化基础设施建设进一步夯实，生态文化活动蓬勃开展，生态文化作品不断涌现。自治区积极参加全国生态文明建设示范区、绿化模范单位、国家森林城市、国家生态文明教育基地创建以及全国生态文化村、全国生态文化示范企业遴选命名活动，生态文化体系建设取得新进展。

同时，生态文明理念和生态文化知识得到深入传播，生态文化宣传教育活动广泛开展。通过构建生态文化传播平台，打造生态文化产品，探索建立先进文化引领、优美作品感染、良好行为示范、绿色人物带动等生态文化传播路径。采用人民群众喜闻乐见的形式，使生态文化贴近百姓，深入群众生活。充分利用报刊、广播电视、互联网等现代传播媒介，形成多层次的传播网络，生态文化传播的广度和深度不断扩大。积极推进生态文化教育进学校、进单位、进社区、进乡村，使人民群众真正成为生态文明建设的参与者、推动者和受益者。经过长期努力，生态文化培育得到长足发展，让生态文明理念真正成为全社会的共同理念。

## 第四节　生态文化建设的机遇和挑战

### 一、优势和机遇

#### （一）独特的区位优势

内蒙古自治区地处祖国北疆，东西绵延 2 400 多 km，拥有 118.3 万 $km^2$ 的疆域，横跨东北、华北和西北三大区域，地理位置极其重要。内蒙古具有得天独厚的生态和资源禀赋，境内有额尔古纳河、嫩江、永定河、西辽河、滦河、黄河 6 大水系，草原、森林面积均居全国之首，水面、湿地和沙漠面积也位居全国前列，生态系统类型多样，是全国极为重要的生态功能区和祖国北方的重要生态屏障 [1]。党中央、国务院对内蒙古自治区生态环境保护寄予厚望，习近平总书记在考察内蒙古时指出："内蒙古生态状

1　魏智勇．内蒙古生态文明建设的战略地位及路径选择［J］．世界环境，2014（9）：52-53.

况如何，不仅关系到内蒙古各族群众生存和发展，也关系华北、东北、西北乃至全国生态安全，要努力把内蒙古建设成为我国北方重要的生态安全屏障。”自治区党委、政府也从战略和全局的高度推进全区生态文明建设，自治区第十次党代会明确提出“坚决守住发展、生态、民生三条底线”。绿色是内蒙古的底色和价值，生态是内蒙古的责任和潜力。新时期下，内蒙古具有十分重要的政治、经济和生态战略地位，在维护国家生态安全中具有独特而又不可替代的作用。

### （二）新时代的新要求

党的十八大以来，以习近平同志为核心的党中央谋划开展了一系列根本性、长远性、开创性工作，推动我国生态环境保护从认识到实践发生了历史性、转折性和全局性变化，生态文明建设取得显著成效，进入认识最深、力度最大、举措最实、推进最快，也是成效最好的时期。一是思想认识程度之深前所未有；二是污染治理力度之大前所未有；三是制度出台频度之密前所未有；四是监管执法尺度之严前所未有；五是环境质量改善速度之快前所未有。党的十九大对生态文明建设和生态环境保护又提出了一系列新思想、新要求、新目标和新部署，将坚持人与自然和谐共生作为新时代坚持和发展中国特色社会主义的基本方略重要内容，提出“生态文明建设是中华民族永续发展的千年大计”“人与自然是生命共同体”“生态文明建设功在当代、立在千秋”，这些新思想、新要求、新目标、新部署，为推动形成人与自然和谐发展现代化建设新格局、建设美丽中国提供了根本遵循和行动指南。

### （三）崭新的国际环境

改革开放 40 年来，中国经济社会建设取得的巨大成就让世界惊叹，但与此同时，经济建设与生态环境之间的矛盾日益突出，资源紧缺、环境污染、生态失衡等一系列问题已成为制约我国经济社会发展的瓶颈。作为世界上最大的发展中国家，中国的生态环境问题也受到全世界关注。近年来，中国积极参与环境保护国际合作，参与国际社会应对气候变化进程，主动承担国际责任，已批准加入 50 多项与生态环境有关的多边公约和议定书。中国生态文明建设体现了共创和谐地球的整体观，跨越西方传统发展道路的新理念吸引了全球目光。2013 年 2 月，联合国环境规划署第 27 次理事会通过了推广中国生态文明理念的决定草案，这标志着国际社会的认同和支持。3 年后，联合国环境规划署又发布《绿水青山就是金山银山：中国生态文明战略与行动》报告。中国相继参与一系列国际环境治理行动，以负责任的态度和坚定行动，为全球绿色发展作出令人瞩目的中国贡献。2015 年 12 月，在气候变化巴黎大会上，《联合国气候变化框架公约》196 个缔约方通过《巴黎协定》这一历史性文件，为 2020 年后全球应对气候变化作出安排。中国不仅是达成协定的重要推动力量，也是坚定的履约国。中国正在强力推动生态文明建设是发展理念、发展方式的根本转变，是一项全面而系统的工程，是一场全方位、系统性的变革。

**（四）全社会的环境需求**

当前，人民群众空前关注并积极参与生态环境保护，公众生态环境权益观增强，对生态环境公平正义诉求与生态环境质量改善要求不断提升，希望政府加大生态环境保护投入、加强污染治理和监督力度、加快生态文明建设进程的需求日益迫切。政府环保投入力度、企业环境守法意识、公众和社会组织参与和监督环境保护的积极性都在迅速提高。全社会正在形成拧成“一股绳”的环境保护合力，这种“社会共治”模式为加快解决复杂环境问题创造了有利条件，营造了良好的社会氛围。

## 二、问题和挑战

**（一）产业结构仍然偏重的状况仍需调整**

未来一段时间内，作为国家的清洁能源输出基地、现代煤化工生产示范基地、有色金属生产加工基地，内蒙古自治区工业产业结构仍是以煤炭、电力、煤化工等能源资源型产业为主，重型化特征明显。此外，内蒙古自治区仍处于工业化、城镇化快速推进期，污染排放将继续增长，实现国家“环境质量只能更好不能变差”的要求难度大。

**（二）生态环境质量继续改善的难度增大**

内蒙古自治区以煤炭消费为主的能源结构仍未改变，原有的传统煤烟型污染与现有的臭氧、$PM_{2.5}$、VOCs 污染等新老环境污染问题交织叠加，空气污染因子更趋多样化、复杂化，区域性、复合型特征更加明显，特别是乌梁素海及周边地区、包头市、呼和

鸨鸣兴安

浩特市等区域空气质量有待提高。部分河流径流量较小，甚至长期或季节性断流，自净能力较差。农业源排放影响大，污染分散、防治困难。此外，内蒙古自治区位于我国干旱、半干旱和农牧交错过渡地带，沙漠化、草场退化非常严重，沙漠面积广阔，是我国生态环境综合治理的重点地区[1]。长期以来，由于内蒙古资源丰富，对自然资源的超强度开发和低水平利用，造成过度浪费与耗竭，生态环境破坏较为严重，草场退化、土壤沙化、植被破坏、水土流失加剧、降水减少、河流干涸、生态失衡，严重阻碍了地区经济发展和社会进步。

**（三）生态文化法制及制度建设相对滞后**

目前，生态文明法治体系、制度体系、执法监管体系和治理能力体系仍需进一步健全。环境治理主体单一，市场、社会组织和公众的参与度不够，全社会共同参与生态环境保护的机制仍不完善。环保投入过分依赖政府财政资金，多元化投融资机制尚不完善，难以有效地带动社会资金投入。政府监管职责缺位、越位、交叉错位等问题仍偶有发生，全民参与生态文明建设的动员机制、激励机制、宣传教育机制有待完善，各类受保护区域的生态科学教育和生态文化展示功能发挥不够，生态文明体制改革亟待进一步深化。

**（四）环境供需矛盾较长时间内仍将凸显**

社会公众环境权益意识不断增强，人民群众对美好生活的向往，对生态环境提出了更高的要求。但目前全面小康社会应有的优质生产生活环境供给不足，人民群众对优质生态产品需求不断增加，与现有治理能力相对不足之间的矛盾日益明显，环境保护问题已成为全社会关注的热点。环境保护体制机制瓶颈约束亟待破解，公众的参与和维权，媒体和舆情的监督，环境信息的公开，都使生态环境保护面临新要求和新挑战。

1　魏智勇．内蒙古生态文明建设的战略地位及路径选择［J］．世界环境，2014（9）：52-53.

## 参考文献

[1] 马玉明 . 内蒙古资源大辞典 [M]. 呼和浩特：内蒙古人民出版社，1997.

[2] 刘书润 . 这里的草原静悄悄：刘书润解说草原生态和文化 [M]. 北京：知识产权出版社，2012.

[3] 冰梅 . 蒙古族生态文化之动物学溯源 [D]. 北京：北京林业大学，2008.

[4] 王紫萱 . 古代蒙古族生态文化研究 [D]. 兰州：兰州大学，2005.

[5] 扎格尔 . 草原物质文化研究 [M]. 呼和浩特：内蒙古教育出版社，2007.

[6] 王立平 . 生态伦理视域中的草原生态文明——以内蒙古草原为例 [D]. 长春：吉林大学，2012.

[7] 莎日娜 . 蒙古族草原生态文化的传承与借鉴研究 [D]. 呼和浩特：内蒙古农业大学，2014.

[8] 刘钟龄 . 内蒙古通史（第八卷）：生态环境与生态文明 [M]. 北京：人民出版社，2011.

[9] 赵春雷 . 清末民国时期内蒙古东部农耕研究——以哲里木盟为中心 [D]. 呼和浩特：内蒙古大学，2012.

[10] 宋启超 . 河套文化——农耕文明与游牧文明交融集聚的光辉典范 [J]. 河套大学学报，2008，5（1）：13–17.

[11] 内蒙古自治区构筑北方重要生态安全屏障规划纲要（2013—2020 年）[R]. 内蒙古自治区人民政府 . 2015.

[12] 杨浩，胡中民，张雷明，等 . 内蒙古森林碳汇特征研究进展 [J]. 应用生态学报，2014，25（11）：3366–3372.

[13] 樊雅丽 . 森林生态文化建设的环境社会学视野 [J]. 湘潭大学学报（哲学社会科学版），2010（5）：157–160.

[14] 政颖莉 . 内蒙古生态旅游资源开发模式研究 [D]. 北京：中央民族大学，2011.

[15] 马文勇 . 内蒙古自治区近十年沙化动态特征及影响因素分析 [D]. 杨凌：西北农林科技大学，2013.

[16] 戴秀丽，揭芳 . 关于沙漠生态文化的几点思考 [J]. 生态文化，2016（5）：41–44.

[17] 刘丹丹 . 内蒙古旅游产业发展研究 [D]. 上海：上海社会科学院，2007.

[18] 吴章文 . 生态文化概论 [M]. 北京：科学出版社，2014.

[19] 魏智勇 . 内蒙古生态文明建设的战略地位及路径选择 [J]. 世界环境，2014（9）：52–53.

[20] 陈寿朋 . 草原文化的生态魂 [M]. 北京：人民出版社，2007.

[21] 刘亚萍，李银昌 . 生态文化新论 [M]. 北京：中国环境出版社，2016.

[22] 罗康隆 . 草原游牧的生态文化研究 [M]. 北京：中国社会科学出版社，2017.

[23] 但新球 . 森林生态文化 [M]. 北京：中国林业出版社，2012.

[24] 郝益东 . 草原天道——永恒与现代 [M]. 北京：中信出版社，2013.

[25] 邢莉 . 中国俗文化丛书・草原牧俗 [M]. 济南：山东教育出版社，2017.

[26] 张春华 . 蒙古族禁忌生态意蕴研究 [D]. 呼和浩特：内蒙古师范大学，2013.

[27] 魏俊青 . 科学发展观视野下的内蒙古生态文明建设研究 [D]. 呼和浩特：内蒙古农业大学，2010.

[28] 刘钟龄 . 蒙古族草原文化传统的生态学内涵 [J]. 草业科学，2011，27（1）：1-3.

[29] 马桂英 . 试析蒙古草原文化中的生态哲学思想 [J]. 科学技术与辩证法，2007，24（4）：20-23.

[30] 王关区 . 草原生态文化的概念与特征 [J]. 文化彩虹，2013（4）：49-51.

[31] 马桂英，计彤 . 蒙古族深层生态学思想之现代解读 [J]. 理论研究，2010（4）：28-31.

[32] 娜仁 . 生态伦理学视域下的草原生态文化 [D]. 昆明：云南大学，2010.

[33] 崔思朋 . 游而牧之：游牧生产方式及其生态维度解读 [J]. 自然辩证法研究，2017，33（4）：45-50.

迎日

# 第四章

# 国内外生态文化建设借鉴

文化的发展与进步得益于不同类型文化之间的交流与碰撞，生态文化的发展同样如此。中国传统生态文化注重人与自然的和谐统一，而西方国家在生态文化领域的研究，更注重于生态美学、森林文化与森林美学、环境美学、景观美学、生态审美、审美体验、审美生态学等领域的研究。近代以来，随着中西文化的交流与撞击，两种不同的文化互相借鉴，呈现出逐步融合的趋势。研究比较一些典型国家和地区的生态文化，进而总结分析其产生、发展的规律和趋势，对于内蒙古自治区繁荣发展生态文化，实现人与自然双向良性互动具有重要的借鉴意义。

# 第一节 国内生态文化建设借鉴

中国传统生态文化具有广泛的外延，包括农耕生态文化、森林生态文化、草原生态文化及沙漠生态文化等，其建设发展历程与先进经验值得我们深入探究。

## 一、农耕生态文化——哈尼梯田生态文化建设

哈尼梯田生态系统是人类摆脱人地矛盾、环境污染、生态危机的成功实践，是对传统生态知识、传统生态文化的系统利用，促进了人与自然的良性互动，对我们当代的可持续低碳发展有积极的启示与借鉴作用。

### （一）简介

生活在红河流域的哈尼族在长期的梯田农耕实践中形成了认识自然、善待自然的和谐理念，与其周围的自然生态系统建立了一种极为密切的文化生态链条，生成了人与自然环境之间相互影响、相互作用的生态文化机制，这便是哈尼族梯田农耕生态文化，即“哈尼梯田生态文化”。[1]

哈尼梯田在种水稻之前需要先把旱地生土转化为熟土。在此过程中，首先利用短柄板锄挖通水沟，接着在地里施绿肥并挖翻土地，经过反复耕作多次后，土壤的肥力和含水量逐步提高，土壤也逐渐熟化。梯田再经过日晒雨淋自然沉降，形成稳固的地基，此时便可以将沟水引入梯地和泥垒筑田埂，然后灌满水即成了波光粼粼的水田。这样梯田一丘接一丘从底层逐渐向上伸展，呈现出斑驳陆离、长短宽窄各异、层层叠叠的景象，由山脚逐级攀升至山腰，形成雄伟壮阔的田山。据不完全统计，哈尼族的梯田总面积达 140 万亩。[2]

---

1 黄绍文，廖国强，关磊，等．云南哈尼族传统生态文化研究［M］．北京：中国社会科学出版社，2013：104.
2 黄绍文，廖国强，关磊，等．云南哈尼族传统生态文化研究［M］．北京：中国社会科学出版社，2013：170.

一般情况下，一个村庄经营着一片梯田，梯田的面积根据村庄的大小来划分。灌溉梯田的水沟有若干条，由梯田种植者共同维护。他们根据坡度大小，决定梯田的大小、宽窄，利用短柄板锄，从最底层开始施工，把高处土方往低处搬运，以脚踩、锄头背敲打等办法夯实成梯地。无论梯级面积大小，都沿着地势崎岖延伸，不人为地拉直田埂，这样梯地自然受压更容易保持牢固。梯田上丘与下丘之间均有出入水口，自上而下，上满下流，终年不息，可谓一种流水生态种植业。哀牢山区道路崎岖不平，从山下向山上运送梯田肥料实属不易，哈尼人根据山区自然的复杂地形，顺势而为，摸索出一种赋有山区优势的施肥方式，称之为流水冲肥。与高山森林常年相伴的溪流水潭被哈尼族引入盘山而下的水沟，顺着山势流入村寨，流入梯田。水沟沿着梯田纵横交错，泉水顺着水沟流入层层梯田，以田为渠，自上而下，长流不息，最后汇入山脚的江河湖泊，然后又蒸发升空，凝结为云雾阴雨，贮入高山森林中，如此形成周而复始的自然循环生态链。

梯田农作物的播种以籼稻、粳稻、陆稻等1 000多种传统品种为主，传统品种成本小、产量稳定、适应性强，而且品种多样化易抵制虫害。相比较而言，全国普遍种植的杂交水稻因其稻种价格高、需要大量喷洒农药、稻秆的后期利用不高、易引起病虫害等问题未能在哈尼梯田中大面积种植。哈尼有不使用化学农药而且经常换种的习俗，有利于梯田土壤长期保持营养充分。

哈尼梯田的稻禽鱼共生系统是哈尼族梯田混作农业的一大特征。哈尼族自古以来就有利用四季灌满了水的梯田养鱼、养鸡鸭的习惯，这在山地农耕民族中是极为罕见的混作业方式。田中养的鱼主要是鲤鱼、鲫壳鱼、江鳅等，养的禽类主要是鸡鸭。哈尼族直到今天仍不喜欢施用化肥与梯田稻鱼鸭共生系统有关。实践证明，梯田稻禽鱼共生系统与混作业的经营模式具有抑制水稻病虫害的作用，也间接饲养了在里面捕食杂草和害虫的鸡、鸭、鱼。鸭子在田间地头畅游，降低田间温度，为田地通风透光，抑制病菌生长。同时，鱼粪和鸭粪为水稻生长提供良好的有机肥料。

梯田依山傍水而建，与自然生态环境和谐共处。哈尼族聚居区的崇山峻岭中，这些精耕细作的梯田，层次分明、沟埂有序，顺着蜿蜒的山势，层层叠叠，环绕山间，与大自然浑然一体。因此，哈尼族也被称为“雕刻大山的民族”。

### （二）评析

哈尼梯田是哈尼族创作的最具代表性的生态文化景观，梯田的分布区域与哈尼族的居住区域合二为一，哈尼族聚居或散居的地区，都有梯田散布其间。梯田是经过哈尼族人民世代依山傍水、挖渠引水、改变土壤，将干枯的山坡变成了具有蓄水能力的湿地、适宜水稻生长的持水性泥炭土。森林与梯田形成了良好的循环生态链。梯田具有极好的蓄水生态功能，可以在大旱之年依然水汽丰盈，保证农作物生长。独特的物质循环和能量流动，使湿地功能优化。

节约型、环保型生产方式与资源的可持续开发利用的组合是我们所崇尚的，有益于生态环境保护，更有益于人与自然和谐相处。哈尼族梯田传统稻禽鱼共生系统和混作业的复合型经营模式是土地资源节约型生产方式的典型代表，具有多重食物链的能量循环及抗御病虫害的生态功能。它体现了山地农耕优秀的生态文化，彰显了人工湿地系统的生态价值和生物多样性。[1]在全球气候变暖、自然灾害频频发生的今天，哈尼梯田生态文化建设的历程给予了我们诸多启示，有待于研究者深入探索总结。

## 二、森林生态文化——王朗自然保护区生态旅游建设

### （一）简介

王朗国家级自然保护区（以下简称王朗）位于四川省平武县，地处大熊猫最集中的分布区——岷山山系的腹心地带，地理位置十分重要。王朗地处高山峡谷区域，峡谷内有湍急清澈的溪流，森林繁茂，具有自然古老的原始森林，在原始森林中栖息着包括大熊猫等大量珍贵的野生动物。这些溪流、森林、野生动物构成了王朗自然保护区独特的生态旅游资源，展示了王朗的裸岩峭壁、清澈见底的小溪、大片的野花草坡、傲然挺拔的云杉、色彩斑斓的桦木、五彩斑斓的杜鹃林，具体的景观有四季更替植被与地理地貌相映衬景观、地震遗迹景观、雪峰景观、野生动物景观、溪流景观、高山峡谷景观等。

---

1 黄绍文，廖国强，关磊，等．云南哈尼族传统生态文化研究［M］．北京：中国社会科学出版社，2013：170.

奔腾的草原

王朗位于四川旅游的黄金区域——九寨黄龙精品旅游圈内，旅游区极其优越，每年都会吸引众多的国内外游客前往观赏游览。鉴于王朗特殊的地理位置，为合理利用保护区内的自然资源，在保护的前提下实现有组织的生态旅游活动，经王朗管理部门和地方政府的长期共同努力，以及众多国际组织和规划设计部门的大力支持，保护区的旅游建设最终在《四川王朗国家级自然保护区生态旅游总体规划》的框架内得以实施。王朗开展的生态旅游被定义为："作为重要的大熊猫栖息地，王朗发展生态旅游的同时避免使栖息地遭到人为破坏，因此王朗的生态旅游是小规模的，并且当地居民和游客、政府与企业是相互合作的。"[1]

王朗是一个自然保护区，但为了在生态保护和资源利用取得平衡，于 1997 年开始发起生态旅游活动，由世界自然基金会在平武启动综合保护和发展项目（ICDP），其目的主要是建立保护大熊猫栖息地的保护机制，杜绝对大熊猫的偷猎行为，同时增加

1　刘亚萍，李银昌．生态文化新论［M］．北京：中国环境出版社，2016：164.

旅游地居民的其他收入。经过专家的评估和分析，确定通过发展生态旅游、增加旅游收入可以为当地居民和社区以及当地财政提供可持续性的收入来源。这一开发宗旨正是生态文化内涵的具体表现。1999 年，为增加当地人的基本生存收入，世界自然基金会拿出资金重点扶持白马亚者村人的生态旅游接待服务。世界自然基金会对该村的贫困村民发放小额信贷，鼓励他们开展旅游接待，增加的旅游收入作为他们的替代经济来源。

依据王朗的生态环境与景观设计了以下主要生态旅游项目：①王朗野生动植物观赏认知：针对王朗丰富的珍稀濒危野生动植物资源，由专业导游带领高端生态旅游者，在濒危植物分布地带，辨别和了解珍稀植物种类及其生长环境；在珍稀野生动物的栖息地或者经常活动的区域，观察了解野生动物的种群状况及生活规律，激发旅游者对原始森林的保护意识。②原始森林风光游赏：王朗植物有亚高山落叶阔叶林、亚高山寒温性针叶林、高山耐寒性灌丛、灌草丛等 10 个植被类型，共 18 个群系，每个群系又分为若干群丛组，每个群丛组又包含数个群丛。且保护区内无居民居住、森林环境保存良好，是生态旅游者游赏的绝佳场所。③生态教育培训：在科普教育中心，听有关大熊猫的知识讲座，参观知识图片，观看大熊猫的影像资料，探讨如何更加有效地保护大熊猫这一珍稀濒危野生动物物种及其栖息地，从而激发游客主动保护国宝大熊猫及栖息地环境的积极性。

积极开展实施生态旅游区保护与监测，完善保护区监测体系，为有效管理提供科学的信息。使大熊猫及其栖息地不受人类的过多干扰、其他野生生物得到有效的保护。严格按照《四川王朗国家级自然保护区生态旅游总体规划》要求在实验区内组织实施生态旅游活动；制定严密的管理规章制度，规范及控制游人行为。明确生态科学专职人员岗位以及员工教育培训方向，对生态保护区现有职工进行相关能力培训，引进相关人才，提高保护区开展生态旅游的能力。

**（二）评析**

森林生态系统面积居于陆地生态系统面积之最，其内部结构交错复杂，所含生物数量巨大，但其功能表现稳定。中国对森林资源的开发与利用历史悠久，文化积淀深厚。中国传统文化中就常把植物和人的身心健康联系在一起。我国自古就有“寿比南山不老松”的说法，把长寿与松树联系起来，也有“乐山乐水”的生态旅游传统。当你离开喧嚣闹市，走进一片森林中、一条长河边、一座山顶上，你必定会产生拥抱自然、拥抱生命、心旷神怡之感。这就是森林旅游文化蕴含的奥秘之处。

通过旅游生态化的转型，王朗与周边社区建立了旅游合作伙伴关系，缓解了历史上所积累的矛盾，促进了社区的经济发展，使来王朗旅游的中外游客受到了环境教育，还为其他类似地区计划通过发展生态旅游保护自然环境、增加居民收入积累了有益的经验，使社区内外取得了明显的综合效益。

王朗生态保护区的建设，彰显了王朗生态旅游的能力和成效，为其他保护区生态旅游发展、生态环境建设、生态区专业服务人员的培训等提供了良好的借鉴。此外，王朗生态旅游建设推动了科研人员的参与和公众环境保护教育的实施；生态旅游活动提高了社区产品的市场营销能力，使社区的产品进入超级市场。

## 三、草原生态文化——阿坝州草原生态文明建设

### （一）简介

阿坝州位于四川省西北部，紧邻成都平原，北部与青海省、甘肃省相邻，东南西三面分别与成都、绵阳、德阳、雅安、甘孜等市州接壤，其地理位置优越，旅游、水能、生物和矿产资源优势明显。它是全国五大牧区之一——川西北牧区的重要组成部分，是四川省重要的畜牧业生产基地，有优质天然草场422万 $hm^2$。2015年，全州肉产量8.32万t、奶产量11.88万t。[1]

阿坝州始终把生态环境保护置于经济社会发展的首位。自1998年和1999年在全国率先启动“天保”工程、退耕还林工程之后，2007年又做出“生态立州”的战略部署，积极营造全民投身生态文明建设的良好氛围，逐步形成了一个“政府主导、企业支持、全民参与”的生态环保工作格局，生态建设已成为阿坝强州之本。阿坝州政府

1　阿坝藏族羌族自治州[DB/OL].https：//baike.so.com/doc/4103583-4302622.html.

经过多年产业建设实践，领悟到：良好的生态环境是阿坝州生存和可持续发展的生命线，是保证社会生产顺利进行的基础，是阿坝州发展与建设的最突出的优势和最大的本钱。一旦生态环境遭到破坏，人民的生产、生活都会受到影响，甚至会付出惨重的代价。因而，一些具有重污染源的生产企业为了保护生态环境，购买了成套的环保装置，收到了生产、环保两不误的良好效果。阿坝州政府从 2005 年开始建立了环保问责体系，并逐年提升

日出白狼峰

其问责力度。组织部门也将节能降耗、生态环保列为对干部综合考评体系中的具体指标内容。[1]

为加强草原保护、建设生态文明、维护生态安全，阿坝州采取了诸多措施：一是认真落实草原禁牧休牧制度、草畜平衡制度、基本草原保护制度“三项制度”；二是大力实施重点草原生态保护建设工程；三是大力转变现代草原畜牧业生产方式；四是

1　松涛．四川阿坝生态建设成为强州之本［N］．中国民族报，2008-01-22（3）．

加强草原监督管理和行政执法[1]。阿坝州坚持以政府为主导，全面促进立法、执法、规划、环评等通力合作，使生态文明建设顺利开展，社会经济效益稳步提升。

**（二）评析**

草原生态系统由草原地区生物和非生物环境构成，非生物环境包括太阳、大气、土壤等；生物环境包括植物、动物、微生物。非生物环境为生物的生存与发展提供物质与能量。而草原文化的核心思想是保持人与草场（植物）、牛羊等动物的动态平衡，诠释一种动态生物链的关系。随着草原生态系统被人为地大量破坏，草原展现出向人类报复的景象，草场急剧退化，草原大面积沙漠化，沙尘暴肆虐，水资源枯竭，这些都已成为威胁草原人民生存、发展的严峻问题。因而，人们要逐步培养草原生态文明保护与建设意识，尊重与敬畏草原生态系统；将人与草原生态系统的和谐共处置于行动的首要目标；选择有利于草原生态系统保护与发展的先进生产方式，以生态效益促进经济效益的提升。

总之，要想树立草原生态保护的意识，除了加强大力宣传、培育人才、不断实践创新，还要宣传与推广典型做法案例，同时，也需要注重相关的专家人才的培养，为草原生态文明建设提供指导性因地制宜性的建议。针对草原生态出现的问题，诸多地方采取了行之有效的措施，也都取得了一定的成就，突出的有四川省阿坝州为推进草原生态文明建设采取的各项举措，效果颇为显著。

所以，我们必须要牢固树立“绿水青山就是金山银山”的重要环保思想，着力践行人与自然和谐共生的绿色发展理念，形成经济发展与草原生态保护的有机和谐统一。进一步深入贯彻落实习近平总书记重要讲话精神的基本要求，保护祖国大美草原，维系中华水源。

## 四、沙漠生态文化——沙坡头草方格生态治理

沙漠化是当今世界的重大生态问题，是可持续发展领域的基础性问题，受到各国

1 阿坝州政府．阿坝州强力推进草原生态文明建设 [R/OL].（2013-04-25）[2017-04-25]. http：//www.sc.gov.cn/10462/10464/10465/10595/2013/4/25/10259169.shtml.

政府的重视。我国土地沙漠化面积大、分布广，是世界上土地沙漠化最严重的国家之一。土地沙漠化，生态环境恶化，威胁粮食安全，吞噬人类生存发展空间，给人类带来贫困和社会不稳定。因此，土地沙漠化不仅是一个单纯的生态环境问题，而且是重要的经济社会问题。

**（一）简介**

沙坡头位于宁夏回族自治区中卫市城区西部腾格里沙漠的东南缘。东起二道沙沟南护林房，西至头道墩，北接腾格里沙漠，南临黄河，长约 38 km，宽约 5 km，海拔在 1 300 ~ 1 500 m，总面积 4 599.3 $hm^2$，占中卫市城区土地总面积的 3%。是全国 20 个治沙重点区之一。特殊的自然条件使这里的生态系统十分脆弱，由于多年来的粗放型农业开发、草场超载过牧、乱采滥垦等不合理的人类活动，导致土地沙化，沙尘暴肆虐，不仅给当地人民的生产和生活造成严重危害，还威胁到国家生态安全和区域可持续发展。为了抵御沙漠化的侵袭，由国家和宁夏各级政府主导，在几代治沙专家的辛勤努力下，勤劳智慧的宁夏人民在防风固沙方面取得了一系列斐然成就，其中沙坡头草方格治沙工程就是一个成功的案例。

草方格沙障防风固沙技术依据风沙运动规律，通过增加地面粗糙度，以改变气流的下垫面性质，降低近地面层的风速，减少贴近地表的输沙，利用防风进而固沙。风沙活动表现为三种主要形式——蠕移、跃移和悬移，悬移的主要表现是沙尘暴，前两者则直接导致沙漠化。然而，让人难以想象的是高 15 ~ 20 cm、面积 1 m × 1 m 的麦草方格以其简单的结构，能使地表粗糙度比流沙地表提高 400 ~ 600 倍，进而有效削弱风力，减轻气流对地表沙粒的携带作用，从而阻止沙粒发生蠕移和跃移。另外，草方格沙障具有柔性的透风结构，气流可以从障间和障顶通过，由此而生成的众多分散的小涡流，在风力作用中相互碰撞抵消，从而有效地降低气流的载沙和输沙能力，使风沙流通过沙障时含沙量明显减少。[1] 因此，草方格不但对外来流沙有显著的阻滞效果，而且可以帮助固沙植被成活和生长。所以，采用草方格这种既经济又简洁的防风固沙

1　宋豫秦．生态文明论［M］．成都：四川教育出版社，2017：114.

巴丹吉林沙漠

方法，可以实现人类将沙漠变绿洲的梦想。这项影响深远的技术获得了国内外专家的广泛认可，曾荣获联合国“全球环境保护500佳”称号。沙坡头治沙工作站也成为联合国教科文组织人与生物圈和世界实验室的研究基地之一。

宁夏政府制定发展战略规划，大力发展沙区设施农业、沙区生态经济林产业、沙区瓜果产业、沙料建材业、沙生中药材产业、沙区新能源产业和沙漠旅游休闲业七大主导沙产业。[1]经过政府与企业的共同努力，各项产业都收到了良好的产值，为当地经济发展注入了新鲜的血液，带来了可观的生态效益、社会效益和经济效益。经过30多年的治理改造，沙害严重的沙坡头已经被建成树木繁茂，景色优美的国家5A级沙漠生态旅游区。

**（二）评析**

沙漠文化是指以沙漠为背景或以沙漠为载体的文化现象。沙漠文化属于文化构成中的亚文化，与作为主流文化的中华民族文化有相通的价值与观念。但是，沙漠的存在与大幅扩展会对人类产生极大的危害，并且会阻碍经济与社会的发展。然而，任何

1 中共宁夏回族自治区委员会党史研究室．宁夏生态文明建设与发展史研究［M］．银川：宁夏人民出版社，2015：56．

事物的存在都具有两面性。沙漠一方面是危害，另一方面作为一种自然资源，给人旷达无垠的美感。沙漠中的胡杨、沙棘、羚羊等野生动植物展示的顽强生命让人敬仰；沙漠中的鸣沙、风蚀等许多奇异现象又是一道亮丽的风景线，吸引着人类去探险、研究。

沙坡头草方格治沙工程，利用简便易得的材料、普及性强易操作的方法，创造了防沙治沙的奇迹。治沙模式的成功实践有力证明，在年均降水量少于 200 mm 的干旱沙漠化地带，通过人工生态干预，可以有效控制沙漠化的扩张，显著改善人居环境，实现人与自然的和谐共处。在各级政府的大力扶持下，沙坡头治沙工程及沙产业在当地收益良多，突出成绩有：保证了包兰铁路畅通无阻数十载，达到了既定的国防安全目标；与联合国开发计划署、联合国环境规划署等国际机构合作办培训班、联合研究项目等，促进了国内外防沙治沙工程的建设与发展。沙坡头的草方格治沙模式成功地树立了沙漠生态文化建设的榜样。

## 第二节　国外生态文化建设借鉴

国外许多发达国家生态文化建设理念先进、规划完整新颖、传统保持历久弥新，非常值得我们深入研究、借鉴。以下仅对美国、德国、瑞典、日本四个国家进行介绍，这些国家的经验经过历史沉淀与文化传播的荡涤，对当前内蒙古的生态文化建设具有重要的启迪和借鉴意义。

### 一、美国

#### （一）生态文学

人类世界中最初的文学主要是口头文学，口头文学的形式包括神话、诗歌等，而且，在口头文学中有关生态文学的内容占了很大比重。神话是生态文学最早的源泉，突出表达了人与自然的密切关系，蕴含了深刻的生态思想。赫西俄德在诗歌《劳动与时令》里向人们控诉："在向自然索要食物的农业劳动中，一定要注意自然供给的限度，留心事物的限度，万事因时而举，才会恰到好处。"[1]这首诗的价值绝对不仅仅局限于农事，它还包含了把人类对自然的索取限制在自然承载力所允许的范围之内的思想，而这正是生态思想的重要组成部分。

北美印第安人文学包含了丰富、深刻的思想内涵，对美国和西方的生态文学产生了重大影响。生态思想家克里考特曾提道："在生态学思想普及、环境危机意识深入人心的时代，传统的美洲印第安人文化成为一种象征，它象征着我们失去了但还没有忘记的人与自然的和谐。印第安人的图腾崇拜更清楚地表明了他们对自然与人的关系的认识。他们认为人与某种动物、植物或非生物有一种特殊的亲族关系，每个氏族都源于某种动物、植物或非生物，那个根源物就是图腾。"[2]印第安生态文学中流传甚广、影响和成就甚高的杰作当属《西雅图宣言》，这篇散文以其画面优美、语言生动形象、行文流畅赋予感染力为读者所推崇，文中蕴含了完整的生态观、自然赋予人类的责任及人类繁衍延续后代的责任。文章严厉批评人类对自然的无情所取与征服，深刻地指出："我们是大地的一部分，而大地也是我们的一部分。""世间万物都绑在一起，世间万物密切相连。大地母亲身上发生的事，在她所有的孩子那里都会发生。人不可能编织出生命之网，他只是网中的一条线。他怎样对待这个网，就是怎样对待自己。"[3]

美国的生态文学思想从美国浪漫主义文学时期开始。库珀是美国最早关注生态环境被破坏的作家之一，他在《拓荒者》（1823年）等小说中详细描写了人类屠杀野生动物的行为，批判了人类对自然的破坏。梭罗是浪漫主义时期最伟大的生态文学作家，他在《瓦尔登湖》（1854年）等作品中描写自然环境的优美，倡导简单的生活方式，呼吁人们停止破坏自然环境，保护大自然。进入20世纪，特别是20世纪60年代以来，美国生态文学思想进入了快速发展的时期。蕾切尔·卡逊是美国生态文学思想发展史上

---

1 苗力田．古希腊哲学[M]．北京：中国人民大学出版社，1990：4.
2 王诺．欧美生态文学[M]．北京：北京大学出版社，2011：136.
3 Lisa M.Benton，John R.Short.Environmental Discourse and Practice，A Reader[M].Blackwell Publishers Inc.，2000：12-13.

里程碑式的人物。她的作品《海风下》《寂静的春天》（1962 年）等揭示了杀虫剂等化学品所造成的全球性环境污染和严重的生态危机，表达了她的生态整体主义思想。艾比是继蕾切尔·卡逊之后的另一位重要的美国生态文学作家，生态防卫和唯发展主义批判是艾比重要的生态思想。生态防卫是指为保护生态环境而对破坏生态环境的事物进行有意破坏。进入 21 世纪，美国生态文学思想有了新的发展。美国小说家布伊尔于 2000 年发表了生态小说《地球之友》，这部小说警告世人生态环境遭到破坏的严重后果，提出了保护生态环境就是保护人类自身的思想。

**（二）城市生态文化建设**

美国的城市生态文化追求特色发展、整体和谐的组合效果，具体表现为：一是完善的绿地系统规划。20 世纪，美国城市大面积蔓延，以致占用了大量森林、农田，破坏了自然环境。对此，美国提出了“理性发展”，提倡较为紧凑、集中、高效的发展模式，力求达到优美的、有活力的、人文的、有特性的、可持续的发展目标，使城市实现社会、经济、环境健康而协调的发展。二是独特的自然环境特色。美国城市的选址，除交通因素外，更主要的是注重自然环境条件。有的依山而筑，有的临水而设，有的靠山面海。城市规划建设时，充分利用这些山水自然资源，在景观与社会功能上加以完善，使城市各具不同的自然风景特色。三是城乡一体化的绿地系统。美国的城市绿化与城郊、城市外围自然环境结合一体。城郊大面积的森林、草地、城郊公园、州立公园甚至国家公园，拥抱着城市，并通过道路绿化、河道绿化、绿廊与城市各类绿地组成的绿地系统紧密相连，有机融合。四是较好的生态、景观和社会效应。尽量体现对人的关怀，如分布均匀、交通便捷、布局和结构合理；园林绿地中建筑较少，但游览咨询等服务设施完善而到位；众多体育锻炼和儿童游戏设施，以及完善的残疾人游览设施等。

**（三）生态文化教育与普及**

为了更好地保护、欣赏和应用国家的自然资源和历史文化资源，美国一直很重视生态教育工作，使国民对本国的自然和历史有深入的、理性的认识，从而理解国家自然和文化资源重要意义，加强公众对保护资源和可持续发展的支持。以美国国家公园为例，美国国家公园将生态科普教育工作列为公园的重要工作之一。

国家公园管理局对国家公园的生态教育工作直接领导和规划、审查，并为国家公园系统内部所有的信息介绍制定标准。国家公园管理局、各地区局、各个国家公园总监和首席解说员、现场解说员（包括志愿者解说员）等组成国家公园的生态教育工作管理体系，对所有讲解员都经过培训和认证。为了向公众提供最新、最准确的信息，公园资源管理人员、讲解员与科学家、社会学家、历史学家、人类文化学家、考古学家和教育专家常常进行交流对话。

每个国家公园都制定生态科普教育规划、综合讲解规划和实施方案。生态科普教育工作的内容主要包括：国家公园资源内涵及重要性、国家公园系统的发展宗旨和管理目标、国家公园立法和国家公园自然历史资源保护原则和科学技术以及国家公园游览范围、内容和注意事项等。国家公园通过游客服务中心和博物馆的公园资料、出版物、实物样品等展示，通过导游、讲解、讲座、表演、电影、网页等多种手段，向游客提供生态教育。此外，国家公园管理局在互联网上设立网站，提供所有国家公园信息，各个国家公园也有自己独立的网站提供各种信息和服务。在公园外（如附近社区等），也会做相应的公园信息传播，使民众获得相应的生态科普教育机会。国家公园还尽可能地发挥志愿者、友好团体、野外学习等作用，帮助国家公园工作人员开展生态科普教育工作。

**（四）生态制度文化**

美国有完善的关于森林保护与发展的立法与管理制度。19 世纪初，美国的西部和北部有大量的森林和野生动物资源，但是到 20 世纪后环境恶化，森林资源破坏严重，野生动物生存空间缺失，濒临灭绝。这引起了国民和政府的担忧，从而开始制定一系列保护性法规，并逐步完善。

100 多年来，美国对自然、历史、文化和森林的保护和利用制定了一系列法规，包括针对森林、山脉、河流、海岸、土地、水、空气、野生动物等自然、历史文化遗产、动植物物种等的保护管理和科学适度的利用，包括国家公园、州立公园、城乡绿地系统的建立、自然资源的保护和管理等。如 1872 年，美国颁布《黄石国家公园法案》，依法建立第一个国家公园——黄石国家公园；1891 年颁布《森林保护法案》；1906 年

冰雪阿斯哈图

颁布《古迹保护法》；1930 年颁布《海岸线自然保护法》；1960 年颁布《综合利用及保护生态条例》对保护区自然资源的合理利用等做出规定；1968 年颁布《自然风景河流法案》《国家小径系统法案》及《空气洁净法令》；于 1974 年颁布实施《森林、山区可恢复资源规划条例》以及《考古、历史保护法》；1978 年颁布《国家公园及娱乐法案》与《森林和牧地可更新资源法》；1988 年出台《联邦洞穴资源保护法》；1998 年出台《国家公园系统管理法》等。通过长期不懈的努力，美国对自然的保护取得了良好的效果。特别是 1891 年推出《森林保护法》以来，坚持长期大规模植树造林，使许多荒山野地变成森林。

## 二、德国

### （一）生态文学

德意志民族与森林有着天生的、不可分割的情节，所以将自己的民族称为“森林部落”。格林兄弟就是德意志民族中杰出的作家，他们的作品有《德语语法》《德语词典》，并且还整理出了大量的以森林为主题的德国童话，如《白雪公主和七个小矮人》《青蛙王子》《玫瑰公主》等。从那时起，这些著名的童话故事就开始在德国人口中流传，并且成了全世界孩子喜欢的童话故事。

《格林童话》的故事来源于德国民间，这些童话表达了德国人民的信仰及愿望，并从侧面反映了德国悠久的文化传统，字里行间都透露着自然美。《格林童话》中的许多故事都以森林为基调，这在故事的名称上就可以体现出来，如《玫瑰公主》《森林中的三个小矮人》《狼和狐狸》《林中小屋》《森林中的老妇人》等。在童话故事的内容里，对森林的描述更加细腻，《格林童话》就是通过这样的途径告诉孩子们森林的魅力所在，从而培养孩子们对森林的热爱。

《少年维特之烦恼》是歌德（1749—1832 年）第一部产生世界影响的日记体小说。他塑造了维特这个有理想、有才能、渴望自由、有所作为的德国进步青年的形象，但是现实的沉闷和鄙陋使他无能为力，只能从大自然、天真的儿童和淳朴的农民身上找到一丝慰藉。当心爱之人也跳不出庸俗的圈子时，便感到绝望，最后选择死亡。文中处处可见维特是一个热爱自然的人，生活简朴、无欲无求、一切顺其自然、表里澄澈。他在作画写生时，目睹眼前质朴的田园景象，内心感慨，只有自然，才是无穷财富。只有自然，才能造就大艺术家。

约翰·路德维希·蒂克（1773—1853 年），他的代表作《金发埃克贝尔特》是一部不可多得的生态文学作品。它讲述了一对小夫妻贪图物质享受、谋财害命的故事，其结果落得被道德谴责和自然魔力惩罚而死的可悲下场。小说中蕴含丰富的生态思想，年幼的贝尔塔纯洁无瑕，性灵澄澈，自然给她灵性和启迪，让她忘记心中所有的郁积和不快，以纯洁之心和自然相处，与自然为友，就不会有多少私心杂念，但随着年龄的增长，了解到外面世界的精彩和诱惑，毅然背叛了曾给予她智慧的大自然，走上了心灵的迷途，而后与之结合的丈夫骑士埃克贝尔特的反生态行为更是荒诞不经。为了自己的幸福，不惜谋害他人的性命，这是一种极其自私自我的表现，没有良好的道德操守必然会受到社会道德和自然力量的惩罚。

20 世纪德国生态环境问题的加剧和解决催生了德国生态文学，也促进了德国儿童生态文学的兴起与繁荣。作家们以小说、诗歌、舞台剧、歌词、连环画等不同文学体裁形式，向世人展示了日耳曼民族对于下一代环境教育和民族未来发展的深刻思考。

**（二）森林文化**

德国人口密度大，经济发展迅速，因而生态环境需承受极大的压力。德国为应对这种状况，订立多功能利用森林资源的探索目标，辅以近自然经营的理论和相应的技术手段。德国首先把林业作为多功能经营的目标，将森林生态系统多功能性概括为以下几个方面：

① 生存功能：指人类从森林生态系统中获得食物、燃料、纤维、饮用水，以及生物遗传资源等直接需求产品。

② 调节功能：指人类通过森林生态系统自然生长和调节作用中获得的效益，如维持空气质量、降雨调节、侵蚀控制、自然灾害缓冲、人类疾病控制、水源保持及净化等功能，其对社会经济发展具有支持效益。

③ 文化功能：指通过充实人们的文化生活、进行生态教育、提供景观欣赏等，使

人类从森林生态系统中获得非物质的益处。

④ 辅助功能：指森林生态系统辅助和支持其他服务功能，如制造氧气、物质循环、形成土壤等对生存环境的辅助。

多功能林业的目标就是在同一时空发挥森林的这些功能。基于林业产业角度，德国通过逐步开发利用森林的供给功能，成为200万个以上的林业企业、林业公司和从业人员获取自然资源和生产资料的依托，支撑着国民经济中传统的财富产业。放眼于国民经济角度，德国作为一个高度工业化的国家，在有限的国土面积上创造了罕见的国民经济总量，重要的前提条件之一就是培育近300年的科学林业逐步创造出的“恒续林”较为均匀地分布于国土上，一直发挥着良好的森林生态系统的调节功能和支持功能。[1] 从文化服务角度看，德国森林的文化服务功能奠定了其作为一个生态旅游大国的重要基础，森林文化深入人心，居于全球领先地位。

## 三、瑞典

### （一）自然生态教育

瑞典中小学的可持续发展教育除了通过跨学科教学来实施之外，多姿多彩、种类繁多的自然生态教育也是进行可持续发展教育的常用方式。瑞典是一个十分重视生态环境建设和野生动植物保护的国家，其森林覆盖率高达70%以上，林木生长量一直远大于采伐量，瑞典的教育部门十分注重利用自然资源对中小学生进行自然生态教育，如自然保护区和自然公园就是很好的自然生态教育的教育基地，充分发挥了它的宣传和教育功能。教师会选择把上课的地点选在这些公园和保护区内，指导学生用自己独特的视角和对大自然探究的方法去收集和分析相关信息，从而加深对环境、自然、动植物等的理解，使学生以最直观的方式去了解自然，在自然而然中让学生对大自然产生喜爱之情，又从而形成一种自觉地善待自然、保护环境的习惯，养成关注可持续发展教育问题的生活方式，这种方式一经形成，会伴随其一生，从而实现可持续发展教

1 邓乃平．北京生态文化建设理论与实践［M］．北京：中国林业出版社，2014：198.

育的最终目标。

在瑞典最具特色的一种通过户外活动进行可持续发展教育的形式是自然学校。瑞典国土的大部分都被森林和湖泊覆盖，因此瑞典最主要的资源之一即自然资源，自然学校建立的目的就在于唤醒人们对于自然和自然资源保护的关注。自然学校在瑞典目前有 90 所左右，它在 20 世纪 80 年代开始在瑞典的城市中出现，在自然学校工作的教师通常有 1 ~ 5 名，由经验丰富的专职教师或生物学老师来担任，他们往往具备特殊的户外经历和丰富的户外活动经验。自然学校在瑞典很受老师和同学们的欢迎，它的出现一方面与瑞典人强烈地保护自然的意识密不可分，他们认为对自然的保护是实现可持续生活方式的前提；另一方面因为瑞典的很多学校都位于大自然附近，这就为师生走出教室走进自然提供了可能，还有一些自然学校坐落在市郊，学生们就可以乘公共汽车或骑自行车去那里。自然学校的教师往往通过规范的教学步骤来培养学生关爱大自然的习惯。首先，教师帮助学生适应在大自然中的生活：他们将学会如何正确使用户外设备以及身处大自然的注意事项和行为规范；其次，适应了在大自然中的生活以后，就要仔细地去观察自然界中的现象，教师会根据季节的不同和学生年龄的差异来进行不同的活动，这些活动以轻松而有趣的方式强调了生物多样性；最后，在进行了前两个阶段之后，在这个阶段学生需要关注生态环境，这种接近自然的教学让孩子在大自然中学习并从中获益。

自然学校的最显著优势就在于它重视学生的亲身体验，所有的学习和知识传授以及对自然的理解都建立在这个基础之上。一些传统的科目如数学、地理和历史也可以在户外实施，户外活动对于学生合作意识的培养、学生的健康和自我压力的管理有积极的影响，事实表明，户外活动也使那些习惯被动接受的孩子变得更加积极主动。[1]

**（二）森林公园建设**

森林公园和自然保护区建设总体规划制定遵循自然环境和生物资源的原生性特征，倡导人为建设行为与自然环境的和谐统一。处处体现“尊重自然，保护自然”的生态

1　王海燕．21 世纪以来瑞典中小学可持续发展教育研究 [D]．昆明．云南师范大学，2014.

文化理念。在建设过程中，本着保留自然景观原貌的初衷，除修建必要的交通公路、旅游步道、户外野营、游客服务中心和管理办公场所之外，不建设其他工程，这样可以将“原汁原味”的大自然风景呈现于公众面前供他们参观体验。瑞典国家森林公园和自然保护区免费为国民开放，鼓励民众亲近自然，营造人与自然和谐相处的环境。虽然国家森林公园是国有的，自然保护区和林区有公有和私有之分，但是国家法律规定：公众无须申请或付费，有权自由地进入林区，在私有森林中自由地摘野花、蘑菇和各种浆果、自由露营。[1]瑞典公民中一半人至少每隔一周去一次野外，为了寻求远离城市喧嚣的安宁与快乐。

所有森林公园都建有宣传教育中心，目的是把旅游观光和宣传教育很好地结合起来，达到在生态环境体验中增长生态文化知识的效果。宣教中心配有专门的管理人员，特别注重自然体验与环境保护宣传教育相结合的工作。中心设置陈列着各具特色的资料图片、模型图片、实物标本、多媒体电影，甚至还仿建或者保存各种野生动植物或昆虫的生活环境或居所，让游客或研究者观察生物生长环境与生活过程。[2]组织丰富多样的宣传教育形式，为受教育者提供感受自然界的变化、人与自然、人与环境、人与野生动植物关系的场景与动态场面。此外，宣教中心还备有供观众阅读和免费索取的资料、画册、活页等，也备有供游客购买的各种教育材料、书籍、光盘。

## 四、日本

### （一）生态文学

古代日本，人们对自然的认识有限，对各种自然现象的无法解释，必然产生对大自然敬畏的思想，把大自然视为神，甚至把许多具体的自然物也视为神，基于这种感受，大自然在日本人的心里成为美的存在，成为作家讴歌、赞颂的对象。因此，善于表达人与自然关系的日本文学作品中便随处可见其“生态”的特质。

日本生态文学中，最为著名的风景代表是富士山和樱花。在日本早期的神话和国

1 邓乃平．北京生态文化建设理论与实践 [M]．北京：中国林业出版社，2014：202.
2 佟姗．日本古代文学作品的“生态”特质探析 [J]．黑龙江工程学院学报，2015（4）：77-80.

教神道教中，自然被描绘成一种亲切、美好的力量。日本自古以来火山频发、地震频发，而这些作为自然现象，是无法避免的。在古代人们不是改造自然，而是依靠自然、信赖自然甚至崇拜自然，认为自然比神的力量更大。而且不仅神依靠自然力，每一个风景也被赋予神圣价值。“富士峻岭悬，圣洁神瑞气，高临骏河湾。仰望灵峰立广宇，骄阳为其隐光影，皓月清辉敛玉颜，白云不行伫峰顶，瑞雪不时飘九天。”如诗中所述，富士山最受人们崇敬，在历史上被视为日本的保护神——一种不可言喻的力量保护着周围的自然和日本国民。

当人们赞美一样事物时，美好的词汇和长篇大论也许表达不了人们的心情，借助自己所崇拜的自然来表达也许更为真切。“下榻山麓边，惯看春来花枝展。夜深酣睡眠，梦中繁华犹再现，樱瓣飘飘然。”人们从赞美自然、描写自然开始，日本便迎来生态文学，且一发不可收拾。《万叶集》《古今和歌集》《新古今和歌集》等日本古代文学作品，“黄昏茅屋吹秋叶，门前稻田叶摇曳”“山上山苔草，根深永不凋”，这些既是对自然的写照，也是视自然为神的心理寄托。[1]

**（二）森林文化**

日本 37.77 万 $km^2$ 的土地，近七成被森林覆盖。日本的森林由复杂的地形、温暖的气候以及多样的树种构成。从森林覆盖率、人工造林面积、人工造林率等角度看，日本算得上是世界上名副其实的“森林大国”，除了富士山顶之外，几乎所有的山麓都被森林覆盖。经历了冰河时代到后冰河时代自然环境的激烈动荡，以日本列岛上大片榉树林的出现，标志着日本森林文化的正式诞生。

所谓森林文化，是以森林为背景，以人类与森林和谐共存为指导思想和研究对象的文化体系。森林文化是指人对森林（自然）的敬畏、崇拜与认识，建立在感激森林各种恩惠的朴素的感情基础上的，反映人与森林关系中的文化现象。日本人从旧石器时代以来就同森林休戚相关。尤其是绳文时代，日本人用树木编织的绳子在陶器上制出花纹，大概就是想把树木的生命力留下来为自己所拥有。在他们看来，“树木的

1　佟姗．日本古代文学作品的“生态”特质探析［J］．黑龙江工程学院学报，2015（4）：77-80.

精灵是生命的象征”“没有任何东西能具有像树木那样巨大的生命力”。学者梅原猛和上山春平指出，“绳文时代的日本以狩猎和采集森林野果为其主要的民族文化，这也是日本的深层文化”。

可见，在日本文化的根基里，一直蕴藏着在长期与森林共存的过程中形成的森林文化。这样的森林文化中孕育出的自然观，在推进国土保全和环境教育方面对日本产生了重大的影响。

日本的植树节是 4 月 3 日。每年这时，各地都要开展植树节和绿化周等活动。绿化周包括街道绿化日、宅旁绿化日、工厂绿化日、荒山绿化日、学校绿化日、绿化树木保护日等。在日本鹿儿岛等一些地区也有新婚夫妇要植树的规定，树旁立碑写明姓名和婚期，植后 50 年方能砍伐，届时植树夫妇可举行结婚 50 周年庆祝活动。更耐人寻味的是，在日本有一项特殊的规定，凡私人增添一辆汽车，必须植一棵树。为防止建筑工程毁坏树木，日本开办了“树木银行”。凡施工单位，必须把清理场地挖出来的带根树木及时存入“树木银行”，在工程结束后，再把树木取出来栽上，以保持原有绿化面积。

森林不仅是一座巨大的资源宝藏，同时还是一个丰富的文化系统，承载了从古至今森林同人类共存过程中产生的所有的精神财富。日本作为一个“森林大国”，在解决环保问题方面有很多成功的经验，这对我国的森林文化建设有一定的借鉴意义。[1]

### （三）制度文化

保证一切环境管理活动有序进行与开展的必要条件就是完善的管理体系。在日本的环境遭到严重影响期间，日本开始修订关于环境管理的法律制度，如《公害对策基本法》《自然环境保护法》等，这是环境管理成功迈出的第一步。在相关法律法规的保障下，公害治理与环境保护有条不紊地进行着。另外，在环境保护出现问题时，地方政府积极参与并采取措施，在日本开展全面治理环境期间，地方政府在财力上给予大力支持并且行使一定的管理权力，这便成了日本环境管理制度实施的基本保障。

1 园小新．日本的森林文化［J］．绿色中国，2016（2）：67-69.

制度出台后，必须有公民的高度重视和参与。群众的力量是伟大的，如果没有日本全体公民的高度重视与积极参与，日本的环境管理不一定会取得成功。在出现环境管理问题时，政府首先采取一系列措施，提高国民对环境污染问题的重视，在取得国民关注后，大家就会开始探寻有效的解决办法，如提供信息、监督保护等。

当然，企业主动实施环境管理的重要性同样不可忽视。在日本经济及环境同时遭受重创的情况下，各大企业积极主动地参与到环境管理及保护活动中来，主动减排，密切关注生产中造成的污染问题。这也是日本环境管理取得成功的重要因素之一。政府的督促以及公众的监督是企业高度参与环境管理的推手，在政府的有关政策的限定下，企业除了按照相关政策严格控制污染别无选择，同时，面对国民的高度关注，企业不得不树立良好的环境形象，提升企业本身的公众形象，从而保证企业今后的市场发展。在这种关系的影响下，树立良好的企业环境形象成了企业经济发展的重要途径。

奔腾的马儿

## 第三节　国内外生态文化建设启示

根据内蒙古生态文化发展的现状及需要，通过对国内外生态文化发展的经验分析，可以归纳出国内外生态文化中加强生态文化制度建设、注重生态文化资源利用、重视全民性生态文化教育、注重传统生态文化保护与传承等方面，对内蒙古生态文化事业的发展有着重要的借鉴和启示作用。

### 一、加强生态文化制度建设

制度是行为的外在规范约束，文化是行为的内在价值取向。国外生态文化的规划与建设离不开完善的政策法规的保障，我国王朗生态保护区、沙坡头草方格治沙工程及阿坝州草原生态文明的建设与发展，同样也离不开国家与政府政策法规的支持与保障，依赖于广大民众的积极参与。

目前，由于缺乏强有力的政策法规的约束，内蒙古部分草原、矿山、沙地等资源利用与开发没有按照总体规划进行布局建设，对生态环境仍有破坏。可见，要把生态文化的思想转变为人们的现实行动，就必须将其同生态制度建设紧密结合起来，用先进的生态文化引领生态制度创新，用完善的生态制度规范人们的生态行为，从而增加人们的文化自觉和文化自信，养成良好的行为习惯，生产更加环保、生活更加绿色、环境更加优美、生态更加和谐。积极借鉴国外先进经验，并充分发挥我国社会主义制度优势，制定、完善内蒙古生态环境保护、生态环境资源开发利用政策法规，并严格执法，必将为内蒙古生态文化建设、繁荣提供强有力的保障。

## 二、合理利用社会及社区生态文化教育资源

美国、瑞典与日本在生态文化发展的一个成功的经验，就是重视与社区的合作，充分利用社区资源作为开展生态文化教育的场所与必要条件。美国于 1913 年在丰特内尔森林建立了第一自然教育中心，致力于环境教育研究的有识之士通过整合专业人员、专业课程方案与适当的环境资源，服务于社区的民众，进而促进人与自然的共生共荣。现在美国各州已有 3 000 个户外自然教育中心，全国几乎所有的博物馆、国家公园、森林、湿地等场所都分别承担着对中小学生以及社区民众的自然教育任务。“请进来、走出去”的教学方式，把社区教育与自然体验活动有机地结合起来，形成了完善的自然教育体系。

以上这些成功的经验告诉我们，要合理利用社会及社区生态文化教育资源，深入地开展生态自然观教育，增强民众的和谐生态意识。首先要把生态危机感教育纳入全区民众社会教育系统，作为全面社会教育的重要内容。增强民众忧患意识，强化保护生态环境的责任感和使命感。其次要注重生态文化知识的传播，而传播方式应以生态教育为主。生态教育的形式应是多种多样的，如生态文学作品的分析与创作，生物多样性的了解、生物食物链的动态平衡等。基于对生态文化知识的系统学习，学生及社会民众可以了解并掌握生态文化的基本内涵与内容、发展规律等，为投身生态文化建设奠定基础。

生态文化系统的核心要素是人与自然的动态关系，人只有身临其境，直接与自然接触、对话，才能真正感受到大自然的神奇与魅力，陶醉于大自然的宽阔胸襟、威武身躯、深邃眼眸、甘甜乳汁和无穷的力量。因而学生、公众或是家庭成员每一次的踏青、野游活动、生态公园参观、生态草原旅行、荒漠探险等，都是生态文化建设者对公众进行生态保护、绿色出行、建设美丽内蒙古的宣传教育的良好契机，也是公众最愿意、最容易接受、吸收生态文化知识、信念的美好环境与过程。经常性的户外生态文化教育，可以促使“热爱大自然，保护大自然”的理念被每一位受教育者所接受，自治区民众的环境保护与可持续发展意识、素养将会极大提升。

## 三、重视全民性的生态文化教育

生态文化建设是一项系统的社会工程，需要全体民众的普遍参与和集体智慧，因其关系到每一位社会成员的生存、生活与发展。区域生态环境乃至全球生态环境的现状与未来取决于社会成员的生存态度与价值观、生活方式，民众良好的生态文化素养是生态文化建设与发展的助推器。因而我们应重视全民性的生态文化交流，建立健全生态文化互动体验交流机制，建立健全政府倡导、社团推动、民众参与的体制机制，积极开展生态文化进校园、进教材、进课堂活动。[1]

在国家高度重视生态文明建设的新形势下，自治区政府、社团、广大民众应团结一致，加强与国内外环境保护与发展相关组织机构的合作与交流，争取多方引进资源、理念、实践经验等，为自治区的生态文化建设搭建广阔平台。同时，全区从领导干部到普通民众都应树立生态文化建设的先进理念，接受相关领域知识、实践能力的培训，争做身先示范的内蒙古生态文化宣传者、践行者、保护者。生态文化的体验当属亲历大自然怀抱的自然教育，在自然教育中人们陶醉于大自然美景的同时，更容易接受生态保护、文化传承传播的新理念，更珍惜大自然的资源财富，更愿意保护大自然，保护生态文化。

1　江泽慧．拥抱生态文化的春天［N］．人民日报，2015-04-13（7）．

## 四、注重传统生态文化的保护与传承

热爱大自然，保护大自然，保护与传承传统生态文化是全球文明进步的美好体现。美国境内的各类自然景观完全受保护，如森林保护区，火山保护区，地质构造变迁遗迹保护区，冰川保护区，地下地质构造景观，沙漠、热带原始森林保护区等，其间一草一木不允许任何人破坏、移作他用，野生动物也都任其自然生长，而是将其作为民众旅游观光、科学研究、休闲娱乐的场所。

随着自然环境和社会结构的变化，某个地方长期以来形成的传统生态文化面临淡化和遗失的困境，作为政府应制定相应法律法规传承和保护传统生态文化，而每一位社会民众应发挥自己所长，积极参与延续祖辈创造的仍有重大意义的精神食粮和行为习惯。内蒙古传统生态文化曾经在蒙古高原牧民的生产生活中发挥了积极的作用，对于现今自治区生态环境的保护、生产生活中绿色方式的养成、人与自然和谐相处的支撑与维护仍居于无可替代的重要地位。因而保护好珍贵的农耕、草原、森林、沙漠等文化，是自治区政府、民众应高度重视的事情。

位于中国北方的草原生态文化经过几千年的发展，已经成为中华优秀传统文化的重要组成部分。在广袤辽阔的北方草原，尤其在内蒙古草原是草原生态文化的主要发祥地，深入整理、弘扬草原文化的特征优势，挖掘草原生态文化的时代内涵，努力把内蒙古打造成草原生态文化传承创新示范区，是推进内蒙古经济社会发展的“壮腰”工程。草原生态文化是我国北方游牧的先民、部落及民族，为了适应草原的生态环境而共同创造出的一种多元复合型的文化形态。草原生态文化主要包含悠久的历史文化、广阔的地域文化以及独特的民族文化等内容。草原生态文化是一种独特珍贵的文化资源，对其进行保护和传承，应采用政府主导和社会参与的有效模式，不仅需要充分发挥政府、保护机构以及社区民众等不同主体的保护作用，更要采取科学有效的方法与措施。建立健全地方性的法规和条例，是保护与传承草原文化的根本保证；加强宣传教育，是提高公众对草原文化保护意识的必要途径；加大经费投入，是保护与传承草原文化的基本保障；注重人才队伍建设，是保护与传承草原文化的关键环节；积极推进文化产业开发，是保护与传承草原生态文化的有效措施。

## 参考文献

[1] 邓乃平 . 北京生态文化建设理论与实践 [M]. 北京：中国林业出版社，2014.

[2] 刘亚萍，李银昌 . 生态文化新论 [M]. 北京：中国环境出版社，2016.

[3] 吴章文 . 生态文化概论 [M]. 北京：科学出版社，2017.

[4] 孙道进 . 生态文化普及读本 [M]. 重庆：西南师范大学出版社，2016.

[5] 王诺 . 欧美生态文学 [M]. 北京：北京大学出版社，2011.

[6] 陕锦风 . 青藏高原的草原生态与游牧文化 [M]. 北京：中国社会科学出版社，2014.

[7] 王旭烽，任重 . 生态文化词典 [M]. 南昌：江西人民出版社，2012.

[8] 郑喜淑 . 延边朝鲜族生态文化资源保护与文化产业研究 [M]. 北京：社会科学文献出版社，2012.

[9] 吴雅芝 . 最后的传说——鄂伦春族文化研究 [M]. 北京：中央民族大学出版社，2006.

[10] 但新球 . 湿地生态文化 [M]. 北京：中国林业出版社，2014.

[11] 黄绍文，廖国强，关磊，等 . 云南哈尼族传统生态文化研究 [M]. 中国社会科学出版社，2013.

[12] 松涛 . 四川阿坝生态建设成为强州之本 [N]. 中国民族报，2008-01-22（3）.

[13] 阿坝藏族羌族自治州 [EB/OL].https：//baike.so.com/doc/4103583-4302622.html.

[14] 阿坝州政府 . 阿坝州强力推进草原生态文明建设 [R/OL].（2013-04-25）[2017-04-25].http：//www.sc.gov.cn/10462/10464/10465/10595/2013/4/25/10259169.shtml.

[15] 江泽慧 . 拥抱生态文化的春天 [N]. 人民日报，2015-04-13（7）.

天堂草原

第五章

# 内蒙古生态文化建设的总体思路

2016年11月22日，中国共产党内蒙古自治区第十次代表大会强调，“绿色是内蒙古的底色和价值，生态是内蒙古的责任和潜力。要全面推进绿色发展，像保护眼睛一样保护生态环境，像对待生命一样对待生态环境，进一步筑牢我国北方重要生态安全屏障”。在关于加强生态文明制度建设和文化培育时强调，“保护生态环境，制度是保障，文化是支撑。大力培育发展生态文化，传承民族文化崇尚自然的优秀基因，倡导勤俭节约、绿色低碳、文明健康的生活方式和消费模式，形成崇尚生态文明、共促绿色发展的社会风尚”。千百年来，北方少数民族在与草原的和谐共处中，创造了与中原文化遥相呼应的草原文化，而这些朴素而精髓的草原文化，是各族人民尊重自然、顺应自然的集中体现。如今，内蒙古各族人民在建设生态文明的道路上，应汲取草原文化中有益的精华，继承弘扬优秀民族传统文化，牢固树立尊重自然、顺应自然、保护自然的理念，努力建设天蓝地绿水净空气清新的内蒙古。

## 第一节 生态文化建设的指导思想

“十三五”时期是内蒙古自治区遵循“五个发展”理念、推进“四个全面”战略、促进“五化”同步发展、加快转变发展方式、建设现代化内蒙古、打造祖国北疆亮丽风景线的重要时期。随着党的十八届五中全会“绿色发展”新理念的提出，内蒙古自治区将以“绿色生态”作为最大优势和最响亮的品牌，坚持把培育生态文化作为重要支撑，依托绿色资源、发展绿色经济，实现草原生态可持续发展。草原生态文化作为我国北方草原地区各民族共同创造的一种与草原生态环境相适应的文化，其建设思路应该以生态文明理念和科学发展观统领全局，遵循文化产业的发展规律，坚持在绿色发展与生态文化建设的基础上，借鉴国内外关于生态文化建设的先进理论和经验，认清自身发展与建设草原生态文化的禀赋优势，从而打造出符合内蒙古地区的绿色发展和生态文化理论体系。

“当前是全面落实党中央对内蒙古发展战略定位、打造祖国北疆亮丽风景线的关键时期”，习近平总书记的重要讲话深刻阐明了内蒙古自治区在全国疆域发展大局中的战略地位，明确提出了守望相助的重要要求、“四个着力”的重点任务、把祖国北部边疆这道风景线打造得更加亮丽的奋斗目标，为自治区发展确立了新定位、赋予了新使命，是引领自治区改革开放和现代化建设的根本指针。

建设生态文明是中华民族永续发展的千年大计。在党的十九大报告中，党中央提出了新时代坚持和发展中国特色社会主义的基本方略之九是坚持人与自然和谐共生。内蒙古生态文化的建设不断推进，将成为自治区不断发展和进步的源动力，生态文化也将创造以往文化无法创造的福祉，引领自治区人民走向一个全新的发展时期。总之，大力倡导生态文化的发展，反映了党和国家推进生态文明建设的意志决心和文化自觉。

内蒙古生态文化建设的指导思想：全面贯彻党的十八大、十九大，以及习近平总书记系列重要讲话和考察内蒙古重要讲话精神，以中共中央、国务院生态文明建设顶层设计为统领，牢固树立和贯彻创新、协调、绿色、开放、共享的发展理念，紧紧围绕“十三五”全面建成小康社会的总目标，以弘扬生态文化为发展主线，以营造宜居环境为发展目标，以创新求实为发展动力。将培育生态文化作为重要支撑和现代公共文化服务体系建设的重要内容。将生态文化贯穿于经济建设、政治建设、文化建设、社会建设、生态建设的全过程，努力在保护中传承文化价值、在规划中凸显文化特色、在建设中打造文化精品、在运营中丰富文化内涵、在服务中提升文化品质，建设适应时代发展、具有区域特色的内蒙古生态文化体系，以维护国家生态安全，促进内蒙古的全面协调可持续发展。

## 第二节 生态文化建设的基本原则

内蒙古自治区生态文化建设是一种全新的理念和尝试，也是落实科学发展观，构建和谐社会的重要体现，必须坚持历史唯物主义的观点，以客观、开放、全球的眼光，对内蒙古生态资源进行重新审视、考证、定位，努力打造草原文化品牌，对于继承草原文化的先进性内容，弘扬和培育中华民族的民族精神，促进民族团结，推进内蒙古民族文化大区建设，发展内蒙古文化产业，全面建设内蒙古小康社会具有重要的意义。内蒙古生态文化建设是一个全局性、长远性、战略性的重大决策，必须严格遵循以下原则。

### 一、坚持政府主导，统筹部署

在中国特色社会主义制度下，政府是生态文化事业建设的规划制定者、顶层设计者、战略决策者和组织实施者。政府作为生态文化事业的投资建设主体，应该履行好自身的职能，尤其是在体制机制创新和发展方式创新，加强生态文化事业能力建设，扩大生态文化公益事业覆盖面等方面的作用至关重要。同时，要加强各级政府与地方部门的互动交流，共同聚焦内蒙古生态文化建设契机，形成合力，打好生态文化建设攻坚战。完善生态文化基本建设投入保障政策，强化生态文化组织领导，把生态文化建设作为考评领导干部工作业绩的重要内容，以协会为载体吸纳有关部门作为会员单位。健全生态文化工作机制，加强部门协调，凝聚社会力量，最终形成由主管部门牵头、有关部门配合、社会力量参与的草原生态文化建设格局。

## 二、坚持生态为本，绿色发展

坚持把生态为本作为推进内蒙古生态文化的核心理念，坚定不移走绿色发展之路，把保护和修复内蒙古生态环境摆在首要位置，彰显草原特色生态文化力量。“始终坚持保护优先、生态先行，像保护眼睛一样保护生态环境，像对待生命一样对待生态环境，把生态文明理念贯穿到经济社会发展各个方面。”推进内蒙古生态绿色发展，大力促进经济生态协调发展，积极推动内蒙古生态建设项目产业化，坚持走生产发展、生活富裕、生态良好的文明发展道路，牢固树立“绿水青山就是金山银山”的生态理念，形成人与自然和谐发展现代化建设新格局，实现可持续发展。

## 三、坚持问题导向，以人为本

立足当前内蒙古生态地位和生态危机，着力协调推进自治区各类生态文化建设试点的建设，重点解决社会关注度高、涉及人民群众切身利益的资源环境问题，建设天蓝地绿水净的美好家园。增强自治区人民群众对生态文化建设成效的获得感。以人为本是坚持生态文化发展为了人民，生态文化发展依靠人民，生态文化成果由人民共享，最终实现人与自然的和谐统一。以人为本，树立全面、协调、可持续的发展观，着力提高群众生态意识，改善生态环境质量，这是内蒙古地区生态文化中的核心内容。

### 四、坚持地缘优势，协同发展

发挥地缘优势，加大生态文化国际交流合作，扩大对外开放，吸收借鉴国外生态文化优秀成果。内蒙古位于我国北疆，其具有连通蒙俄的地缘优势，成为连接中蒙俄三国开展全方位合作的重要枢纽。内蒙古全面推动“中蒙俄经济走廊”建设，三国发展战略高度契合，可以把丝绸之路经济带同俄罗斯跨欧亚大铁路、蒙古国草原之路倡议进行对接，打造中蒙俄经济走廊，促进互利共赢合作，实现优势互补，共同发展，推动东北亚区域合作进程。在此过程中，内蒙古势将与两国在文化、人才交流等方面有密切的合作，可延展“一带一路”生态文化合作交流。

### 五、坚持自主创新，良性发展

不同的地区和民族具有不同的生态文化特征，内蒙古自治区的自然生态和人文环境具有鲜明的独特性，这就要求坚持把深化改革和创新驱动作为自治区生态建设的基本动力。在保护现有的人文及历史景观和古迹上，结合内蒙古自治区实际大胆探索，鼓励因地制宜，坚持改革创新，全方位开展生态领域创新试验。结合生态文化发展原则，加快转变森林、草原、农耕与沙漠的发展模式，推动内蒙古生态文化建设与历史文化、道德文化、民族文化紧密结合，与旅游、体育、传媒等相关产业紧密融合，不断深化制度改革和科技创新，建立系统完整的生态文化制度体系，强化科技创新引领作用，为生态文明建设注入强大动力。

## 第三节　生态文化建设的战略目标与重点领域

生态文化建设是社会主义精神文明建设的重要组成部分，是实施绿色内蒙古战略的灵魂和保障。“内蒙古的生态状况如何，不仅关系到内蒙古各族群众的生存和发展，也关系到华北、东北、西北乃至全国的生态安全。”习近平总书记考察内蒙古时的铿锵话语指出，建设生态文明亮丽风景线是关系大局全局的头等大事，必须牢固树立生态文明理念，自觉肩负生态建设和环境保护的历史责任，组织实施好重大生态修复治理和开发建设项目，积极探索加快我区生态文明体制建设，切实把生态文化的价值精髓融入社会主义文明建设的各方面和全过程，努力建成绿色内蒙古。

## 一、内蒙古生态文化建设战略目标

习近平总书记在党的十九大报告中，对我国未来一个时期的生态文明建设和生态环境保护，提出了一系列新思想、新要求、新目标和新部署。在新目标方面，提出到2020年，坚决打好污染防治攻坚战；到2035年，生态环境根本好转，美丽中国目标基本实现；到21世纪中叶，把我国建成富强民主文明和谐美丽的社会主义现代化强国，物质文明、政治文明、精神文明、社会文明、生态文明将全面提升。

地处边疆少数民族地区的内蒙古自治区，进行生态文化建设不仅是内蒙古实现生态文明的重要支撑，同时也是巩固国家生态安全和建设美丽内蒙古的重要依托。内蒙古要紧紧围绕把祖国北部边疆这道风景线打造得更加亮丽的奋斗目标，多措并举，积极探索具有内蒙古区域特色的生态文化建设新途径，理念不断更新、实践不断探索、政策不断完善，持续加大生态文化建设。

因此，今后一个时期，内蒙古生态文化建设战略目标为：逐步建立起政府主导、财政投入、社会和民众参与的机制，专群结合的生态文化建设队伍，完善生态文化基础设施和公共服务载体建设。依托资源优势，加强各类生态文化园区建设，建立标本馆、博物馆、展览馆、科普馆等生态文化普及场所。加强生态文化现代媒体传播体系平台建设，大力宣传森林和生态美学文化、生态旅游和养生文化、湿地文化、草原文化、荒漠绿洲文化等丰富而深刻的内涵，为推动生态文化发展和生态文明建设发挥示范、导向作用。把生态意识教育上升到民族意识和国家意识，把生态文明教育作为大中小学义务教育和国民素质教育的重要内容。大力促进生态文化产业发展，打造一批新型的生态企业。生态文化熔铸与各项决策和制度建设之中，绿色发展理念深入人心，

全民生态文明意识大幅度提高，生产方式和生活方式绿色、低碳水平得到较大提升，努力实现生产空间集约高效、生活空间宜居适度、生态空间山清水秀，更好地满足人民群众望得见山、看得见水、记得住乡愁的精神需求。[1]

## 二、内蒙古生态文化建设重点领域

### （一）草原牧区的生态文化建设

内蒙古是我国最重要的畜牧业大区，其生态文明建设在全国具有非常重要的地位。内蒙古草原牧区具有独特的气候条件、地理特征、自然环境，广袤丰富的草原，加之内蒙古高原的地形结构以及气候的特殊性，致使草原牧区牧民的生活习惯与农业生产

1　内蒙古自治区党委　自治区人民政府关于加快推进生态文明建设的实施意见［R］. 内蒙古自治区人民政府办公厅，2015.

区形成了明显的差异性，建设好草原牧区的生态环境对整个内蒙古的经济文化发展有着相当重要的作用。更为重要的是，内蒙古草原牧区地处我国“北疆生态屏障”，是我国重要的畜牧业基地。加强对内蒙古草原牧区生态化建设，对于维护我国的生态系统安全，乃至社会文化可持续发展有着巨大的意义。

草原牧区一般是指以广阔的自然草原为基础地区，放牧方式和养殖牲畜地区是依靠天然草原；种植业属于半农半牧区，主要还是以畜牧业为主。[1] 内蒙古共有牧区县 33 个，总面积为 81.79 万 $km^2$，占全区土地面积的 68%。面积范围虽然广阔，然而人数较少，主要分布在辽阔的草原区域和边远贫困地区。

呼伦贝尔草原、锡林郭勒草原、科尔沁草原、乌兰察布草原和鄂尔多斯草原，是内蒙古自治区典型草原的主要分布区，与呼伦贝尔沙地、浑善达克沙地、科尔沁沙地和毛乌素沙地交错分布。该区域范围广大，是内蒙古草原生态系统的主要组成部分。在工业文明发展的历史进程中，人们为追求经济利益，掠夺性地开发和利用自然资源，从而带来了全球性的生态危机，严重影响了人类社会的可持续发展。在这一背景下，作为祖国北疆生态屏障的内蒙古草原开发利用程度较高，土地退化、沙化现象严重。

内蒙古自治区在草原生态文化建设方面，一方面要结合《天然草原退牧还草二期工程》《草原保护与建设工程》《草原重点生态功能区建设工程》《草原自然保护区建设工程》等重点工程，推进草原生态保护补助奖励机制，积极转变畜牧业生产方式，实施禁牧休牧、划区轮牧，实行以草定畜，推行舍饲圈养，严格控制载畜量，加大退牧还草力度，逐步恢复草原植被。

另一方面，要积极挖掘、保护、继承、弘扬草原牧区蒙古民族传统生态文化中的合理因素。回顾我国北方游牧文化的悠久历史，可以看到，古代蒙古族主要以立法、习俗、道德、宗教等形式，把生态环境保护融于蒙古族的日常生产与生活之中。而且在宗教的作用下，这些思想意识在一定程度上变成了古代蒙古族人的自觉行动，它保障了蒙古族游牧文明的世代繁衍与传承。我们应挖掘、保护、继承这些合理因素，并与现代

1 潘建伟，张丰兰，张立中，等．中国牧区经济社会发展研究 [M]．北京：中国经济出版社，2010：61.

生态文化结合起来，使其发展成具有地方特色的保护生态的民族文化，建构起一种适应草原牧区特点和现实发展需要、具有鲜明民族特色和时代特点的可持续发展模式。这些对于内蒙古的生态文化建设，都将发挥不可忽视的作用。

**（二）农业生产区的生态文化建设**

内蒙古自治区是全国农业生产大省份，经过 70 多年的发展，现已成为全国粮食产量前 10 强和全国粮食净调出五个省份之一，为国家粮食安全做出重要贡献。2015 年内蒙古自治区粮食总产量达 2 827 万 t，占全国粮食总产量的 4.55%，人均粮食占有量超过 1 000 kg，单产超过 4 500 kg/hm$^2$，为国家粮食安全做出了突出贡献。但是内蒙古为粮食增产付出了巨大的资源环境成本代价，粮食产量和资源环境的投入不成比例，粮食增产的资源环境双重约束显著增强，已成为内蒙古生态文明建设的重要制约因素之一。

内蒙古自治区主要农业生产区分布在松辽平原、大兴安岭中段南部、河套平原和土默川平原。旱灾、洪涝灾、风暴灾、低温冷冻灾、病虫害是农作物的主要灾害；受自然条件影响，加之过度开垦、放牧以及对水资源的不合理利用等原因，造成耕地沙化、盐渍化、水土流失和土壤污染。全区农田林网建设仍不完备，占全区总面积 50% 的水土流失面积没有得到集中治理，直接影响农业生态系统的健康发展。

内蒙古自治区农业生产经历了曲折发展的过程，有宝贵的历史经验也有厚重的历史教训。因此，第一，应加快转变农业生产方式，亟待建立资源节约型、环境友好型的粮食生产方式，加快改善农业生态系统，实现粮食生产与生态文明建设的良性互动。第二，必须摒弃农牧对立观念和思路，不能依靠掠夺式的土地开垦来增加粮食产量。第三，必须强化退耕还林还草、退牧还草政策。加大牧草业发展的政策支持力度。发展牧草业有利于遏制水土流失、改善农业生态环境。种植业的发展有赖于良好的生态环境，其中林与草对生态有决定影响。第四，大力推广科技种田，实施耕地质量保护与提升工程，加快西北节水增效项目建设，探索实行耕地轮作休耕制度。第五，加强农田林网建设和水土流失、土壤盐渍化治理，增强农业生态系统功能，从而为内蒙古农业生产的健康发展保驾护航。

### （三）自然保护区的生态文化建设

内蒙古自治区独特的地理优势造就了丰富的物种资源，是我国重要生态安全的屏障和生物多样性宝库。自然保护区作为内蒙古自治区就地保护生物多样性的重要举措，在生态文明建设和美丽内蒙古建设中发挥着极其重要的作用。

内蒙古土地面积广阔，跨越了不同的自然地带，保存着天然针叶林、阔叶林、草原、荒漠以及草原沙地、草甸、沼泽、荒漠绿洲、河湖等生态系统类型，又分布着若干古老的孑遗物种和珍稀特有生物。这是大自然给予的宝贵的资源和优越的环境条件。在内蒙古建立起草原、荒漠、山地、湿地、特有森林等自然保护区，可以在全国自然保护区的体系中保存一些独特类型的自然本底，可使人们对人类活动给自然界的各种影响做出正确的诊断，为合理利用自然资源，改善自然环境和建立高效、协调的人工生态系统提供依据。

内蒙古自治区分布有各类野生高等植物 2 781 种，植被组成主要有乔木、灌木、半灌木植物、草本植物等基本类群，其中草本植物分布面积最广。按类别分，种子植物 2 208 种，蕨类植物 62 种，苔藓类植物 511 种。全区野生脊椎动物众多，总计 712 种。主要有圆口纲 1 种、鱼纲 100 种、哺乳纲 138 种、鸟纲 436 种、爬行纲 28 种、两栖纲 9 种。其中，列入国家重点保护动物 116 种，一级保护动物 26 种，二级保护动物 90 种。全区有中国和日本两国政府保护候鸟及栖息环境协定中规定的保护候鸟 128 种，有中国和澳大利亚两国政府保护候鸟及栖息环境协定中规定的保护候鸟 45 种，有《濒危野生动植物种国际贸易公约》附录物种脊椎动物 99 种。

截至 2015 年年底，内蒙古自治区已建立各种类型、不同级别的自然保护区 182 处，其中国家级 29 处、自治区级 60 处，有森林生态系统、湿地生态系统、草原生态系统、荒漠生态系统、地质遗迹等类型，总面积 1 270.17 万 $hm^2$，占全区国土面积的 11.63%，有效地保护了全区 85% 的野生动物种群和 65% 的野生植物群落。

自然保护区本身就是一个特色鲜明的自然博物馆，是向群众普及有关自然科学知识和宣传自然保护事业的重要场所。同时也是今后开展旅游事业的重要基地之一。随着人类物质文化生活的改善，自然保护区所显示的社会效益、经济效益和环境效益也将日益显示出来。因此，尽快遏制内蒙古自治区生态环境恶化的趋势并切实做好自然保护区工作，不仅对内蒙古自治区乃至全国改善生态环境、实施可持续发展战略具有不可替代的重要作用。内蒙古自治区自然资源在相当时期内应该走保护性开发的道路，千万不可为了追求短期的经济增长“红利”而继续走盲目开发资源和随意破坏环境的传统的发展道路，必须把保护好内蒙古自治区的生态环境建设作为经济发展的基本切入点。在内蒙古自治区发展的思路设计上必须从谋取全区各民族的利益为基本出发点，逐步建立和谐社区发展新模式。实践证明，大力加强自然保护区建设，既是一项保护生态环境的根本措施，也是加强生态文化建设的一条有效途径，不但有利于维护内蒙古自治区的生态平衡，而且也是促进内蒙古自治区生态文化建设的一项重大举措。

**（四）城区的生态文化建设**

城市区域的生态文化建设关乎城市的经济发展和生态保护，大力发展和繁荣城市区域生态文化是城市区域经济社会进步的必然路径，是促进城市区域建设健康发展，推进经济、生态和社会发展走入良性循环的基本道路。城市的生态文化建设，是对城市生态要素的综合整治目标、程序、内容、方法、成果和实施对策全过程进行规划建设，同时也是实现城市生态系统动态平衡、调控人与环境关系的一种有效手段。城市的生态文化建设的关键是要塑造一个结构合理、功能高效和关系协调的人工复合生态系统，其建设的目标是实现社会资源得到最佳配置和社会上的各种要素达到最高效率的运作。

近些年来，随着城市化进程的加快，内蒙古自治区各个城市不同程度出现了城市人口迅速增长、城市拥挤、住房紧张、交通堵塞、环境污染、生态平衡破坏等一系列问题，严重制约了城市自身的发展。

目前，内蒙古自治区城镇化率正在快速增长，截至 2017 年年底，已达到 62.02%，高于全国的整体城镇化率，但是快速城镇化也为全区城市带来诸多问题，因而迫切需要采取切实可行的城市生态文化建设对策。

1. 科学制定城市发展规划

城市生态文明建设是一项综合性的系统工程，涵盖面广，涉及内容多，是一项需要政府长远规划、长期坚持的奋斗目标，必须要立足于城市特有的资源禀赋、区位优势和不断变化的发展形势，结合生态文明城市建设的目标，综合考虑，统一部署，系统安排，科学决策，研究制定科学的发展规划，按项目、按季度进行研究，及时了解执行规划中存在的问题并予以解决。

2. 促进城市功能区合理分工

内蒙古的城市发展存在过度扩张的现象，造成了资源的极大浪费。所以，内蒙古必须制定相关法规或规划，从考虑城市规模转变为关注城市布局，在现有的城市分区基础上分步实施副中心战略，让副中心与中心城区共同承担城市功能。同时，应该尽量考虑旧城的改造、更新与新区建设互成体系，一体化发展，构建完整的城镇功能与合理的城镇规模。另外，积极践行跨区域的城市规划，促进以呼包鄂为首的城市群布局进一步完善，建设拥有完善基本生活服务设施的能够满足居民日常工作生活所需的卫星城。

3. 调整能源与产业结构，改善城市环境

面对日益严峻的城市环境问题，内蒙古城市发展必须着力改变以往低端、粗放的城镇化、工业化发展模式，大力倡导低碳化发展路径，有效地配置和使用可再生资源和可耗竭资源。同时还应提高资源的重复利用率，这是内蒙古实现城市发展与环境保护双赢的必然选择。积极采取措施推进产业升级和结构调整，实施促进产业结构升级、提高土地利用效率。在能源开发方面，需要积极谋划扶持以风能、太阳能、生物质能为主的可再生能源的开发和利用，以稳步转变内蒙古以煤炭为中心的重化工产业体系的能源结构。另外，实行城市再生资源的集中治理、统一监管，既可以改善城市的环境状况，还可以为城镇培育新的经济增长点。[1]

4. 引导社会成员树立生态文明观，大力动员群众参与生态文化建设

加强生态环境教育，提高公众生态意识；推行积极健康的生活方式，正确引导消费方式；保护优秀传统民族文化资源，发展民族生态文化；控制内蒙古大城市的人口增长、适当放宽中小城市的准入，提高人口素质，建设人与自然和谐共处生态体系。

**（五）工业园区的生态文化建设**

工业园区（包括经济开发区、经济技术开发区、高新技术产业园区、工业园区、边境经济合作区、口岸加工园区、产业基地等）是建设现代工业体系的重要载体和平台。工业园区是改革开放初期在邓小平同志亲自倡导和积极推动下发展起来的新生事物。经过近 40 年的建设发展，各类工业园区聚集各类工业发展要素的作用越来越显著，加速了产业集聚和产业链的延伸，带动了传统产业升级和高新技术的发展，促进了所在

1 李雪敏，武振国．内蒙古大城市城市病问题分析及防治对策研究［J］．内蒙古财经大学学报，2015，13（3）：33-39.

地区产业结构调整和经济实力的增强，已成为工业经济增长最快的区域和推动经济发展的一支重要力量。

内蒙古自治区的工业园区经过近40年来的建设和发展，产业集聚效应和贡献率逐步显现。截至2014年年底，全区共有各类工业园区117个，其中，国家级9个、自治区级55个；营业收入超百亿元工业园区达到50个，其中，超50亿元的6个、超千亿元的2个。2014年，全区工业园区工业总产值占全部工业的比重达到64%，上缴税金占全部工商税收的比重达到70%。

尽管内蒙古工业园区建设和发展成效明显，但在工业园区生态文化建设方面还存在许多短板和问题，主要表现有：第一，园区生态意识淡薄，精神形态层次生态文化发展滞后；第二，园区生产技术和方式陈旧，物质形态层次生态文化建设落后；第三，园区生态法规和制度不健全，制度形态层次生态文化建设未能真正落实。工业园区加强生态文化建设的主要措施：

1. 健全法规政策，完善管理体制机制

园区生态文化建设保障体系的构建可以从宏观和微观两个方面进行。在宏观方面，中央和地方政府通过制定和完善有关生态环境保护的法规和政策，规范和调节园区成员的生产与生活、经济与环境、人与自然的行为关系，使园区生态文化建设有法可依；完善有关土地、税收、补贴、信贷、排污收费返还等政策，鼓励园区企业进行清洁生产、减少污染排放；制定诸如扶持和完善园区公益文化事业、发展园区文化产业、激励群众参与和文化创新等方面的政策，充分调动政府、企业、社会团体以及个人参与园区生态文化建设的积极性。

在微观方面，首先园区要成立专门的生态文化建设领导小组，设立生态文化建设机构，选派生态专家及生态科技技术骨干负责园区生态文化建设，形成园区管理者主导、园区企业与工作人员共同参与、政府与社会监督、运转协调的生态文化建设服务组织体制。其次要建立健全生态文化建设的运行机制。园区依据中央和地方的有关法规和政策，结合园区实际，建立健全园区文化权益保障机制、文化资源配置机制、文化建设融资机制、文化效益评价机制、文化建设激励机制、群众文化参与机制、生态文化教育机制、生态补偿机制以及清洁生产机制等。创建高效、规范的生态文化的运行机制，并坚决按照制度办事，用制度管人管事，助推园区生态文化建设。最后制定园区生态文化建设监督机制，设立举报热线、举报信箱等，畅通园区成员生态环境监督、举报渠道，及时反馈处理结果。

2. 加强教育培训，创新宣传方式方法

园区成员是生态文化建设的执行者和创造者，直接决定园区生态文化建设的成效。园区管理者除了要不断加强自身的有关生态文化知识的学习之外，还要注重组织园区其他成员学习生态知识、生态文化、生态道德、各项生态环境保护法律法规以及有关生态保护的研究成果，从而提高生态环境保护认识，增强生态文化建设意识。园区应高度重视园区成员培训，创新培训方式方法，采取脱产进修、集中培训、聘请专家讲课以及与国内外先进的生态工业园进行交流等方式对园区成员进行有关生态环境保护和现代企业管理课程方面的培训，采用考核、问卷调查、访谈等方式考察培训效果，并结合园区生产、生活实际，交流心得体会，通过学习培训，提高园区成员的综合素质，提升生态文化建设水平。创新生态文化教育宣传方式方法，在园区范围内开展生态环境保护宣传教育，普及生态环境保护知识，增强园区成员保护环境的自觉性，营造良好的生态文化建设氛围；开展多种多样生态文化活动，以广播、宣传栏、园区网页以及新闻媒体为阵地，宣传生态文化建设的成效、先进事迹，树立生态文化建设典型，激励园区成员积极保护生态环境，坚决反对各种违反生态平衡的错误观念，营造良好的生态文化建设舆论氛围；通过举办生态文化知识竞赛、征文活动等宣传园区生态文化的理念、目标以及重要意义等，提高园区成员的生态素质和生态道德；用社会主义核心价值观和荣辱观引领园区成员树立正确的生态价值观，不断激发园区成员建设生态文化的积极性和创造性，提高生态意识，树立正确的生态价值观，从而自觉抵制功利主义价值观，在追求利益效益的同时注重保护生态环境。

环保从娃娃抓起，包头中小学生环境教育普及率超过国家标准，绿色学校创建的引领示范作用正在显现出强大的活力

3. 大力发展生态科技，转变生产生活方式

生态科技是推动生态工业园发展的根本动力，是园区生态文化建设的基础。国家应高度重视生态学的研究，大力发展生态科技。一方面设立专门的研究机构，选派学者去国外进修或进行生态技术培训，积极借鉴国外的相关生态研究成果，引进先进的生态技术、生态工艺以及生态产品，减少国内生态学研究时间，缩短与国外生态研究的差距。另一方面出台发展生态科技政策，鼓励地方政府和园区积极开展生态科技研究，激发发展生态科技的积极性和创造力。园区管理者应根据国家政策，结合园区实际，成立生态研究机构，培养生态科技研发人才，加强园区能源综合利用技术、重复利用与替代技术、回收与再循环技术以及信息技术等生态技术研究，并将这些技术形成园区生产力。

生产方式是园区生态文化建设的重要载体，决定生态工业园区的发展。园区要尽快改变高生产、高能耗、高污染的传统工业经济发展模式，以循环经济理论和生态学为指导，树立正确的生态思维模式，使园区生产发展、资源利用、环境保护形成良性循环。要提高园区企业环境准入条件，开展ISO14000认证，实施生态生产审计，建立绿色管理体制，以循环经济思想引导企业树立可持续发展观，实现企业利益与园区整体利益的有机结合，以企业为主体推进绿色生产、文明生产。在企业成员之间建立类似食物链的生态工业链，通过生产废弃物的交换利用使企业获利，建立共生网络。要帮助消耗高、产出低、环境污染重的企业及时转变生产思维方式，以“减量化”为原则，积极转变生产方式，节约资源，减少污染，努力实现人与自然和谐发展。园区在转变生产方式的同时，还应形成一种新的生活和消费方式，即绿色消费。绿色消费提倡节俭，减少对自然资源的过度索取。园区管理者应积极引导园区成员增强绿色消费意识，转变消费观念，重视生态产品的生产和消费；采取各种宣传方式，大力宣传绿色消费信息，倡导绿色消费，养成绿色消费习惯，促使园区企业和成员尽量节约资源，减少污染；应加大生态文化基础设施建设投入力度，每年应专门拨出一定资金，用于生态文化活动场所建设与维护，主要包括文艺室、图书馆、文化广场、教育基地等场所，用于购置生态文化设备，主要包括健身器材、音响设备等，用于绿化、净化、美化园区环境，营造良好的生态文化氛围。[1]

**（六）旅游景区的生态文明建设**

以自然和文化遗产资源的有效保护与生态环境的长期改善为基础的旅游景区，在生态文化建设中，具有得天独厚的优势条件，同时也具有刻不容缓的紧迫性和重要性。

内蒙古地域狭长，东西跨经度30多度，景观生态类型复杂多样。既有广袤无垠的草原牧地、葱葱郁郁的原始森林、神秘奇特的沙漠景观，也有丰富多彩的草原文化。内蒙古地区共有五大草原：呼伦贝尔草原、科尔沁草原 、锡林郭勒草原、乌兰察布草原及鄂尔多斯草原。其中，锡林郭勒草原自然保护区面积107.86万 $hm^2$，主要保护对象为草甸草原、典型草原、沙地疏林草原和河谷湿地生态系统。内蒙古是我国仅次于新疆的第二大沙漠分布区域，拥有独特的沙漠景观，境域内分布着巴丹吉林沙漠、腾格里沙漠、乌兰布和沙漠、库布齐沙漠、毛乌素沙地、浑善达克沙地、科尔沁沙地、

1　于良杰，廖敏．生态工业园区生态文化建设的困境与对策［J］．长春师范学院学报（自然科学版），2014，33（1）：88-91.

呼伦贝尔沙地，为自治区开展沙漠生态旅游提供了广阔的空间。原始森林主要位于内蒙古自治区东部，即大兴安岭林区，为我国最大的寒温带针叶林区；次生林主要分布在大兴安岭南段，大小罕山、阴山一线，人工林主要分布在低地，众多的森林公园是发展森林生态旅游的基础。著名的湿地有达赉湖、乌拉盖、乌梁素海等。内蒙古自治区有大小河流数千条以及众多的湖泊、矿（温）泉等。黄河是内蒙古境内最长的河流。内蒙古是一个多民族聚居的地区，悠久的历史形成独特的“马背文化”“驯鹿文化”，各个民族都保持着自己别具一格的生活方式，将自己的生活和大自然完美地融合在一起，创造了人与自然的和谐相处，既保持了生态的平衡，又创造了光辉灿烂的民族文化。

内蒙古旅游景区经过多年的建设发展，已形成了以草原、沙漠、森林、湖泊、民俗等为主题的生态旅游区，促进了生态旅游的发展，形成了内蒙古生态旅游产品体系，走出了适合本区生态旅游发展的道路。

内蒙古旅游景区的生态文明建设，应注重实施以下措施：

首先，要树立正确的生态旅游思想，提高全民的环境保护意识。内蒙古发展景区生态文明建设，首要解决的问题就是走出生态旅游的认识误区。真正意义上的生态旅游应以生态保护为前提，是一种求知求新的高层次旅游。发展生态旅游绝不能破坏景区内的自然环境和自然资源，因此，内蒙古地区发展旅游业一定要从自身的性质特点出发，发展开发和保护目标相一致的生态旅游。要加强旅游相关人群特别是各级领导者的环境保护意识，提高他们保护生态环境的自觉性。法规得以落实的基础，环境保护得以实现的条件，是公众保护环境的自觉性。因此必须重视加强生态意识和保护生态环境的教育，切实增强全民的生态环境意识和法制观念，使强制性的法律与公众自律的道德规范结合。对伤害野生动植物、白色污染、毁林、毁花木、毁古迹、乱排污水和在生态景点乱搞人工设施等行为要加强教育和管理。

其次，要科学规划，开发与保护相结合。对生态旅游资源进行科学规划、合理开发，并制定有力的保护措施，使生态旅游资源的开发与生态环境的保护有机地结合起来。内蒙古地区地域广袤，交通相对不便，而它又是我国生态环境比较脆弱的地区，在这些地区积极开发旅游资源，大力发展旅游业，必须进行科学规划。避免生态旅游一哄而起的

卓资县明星沟风光

混乱、无序局面；也可以通过景点的基础设施建设和重点开发，为游客提供更安全和舒适的服务。此外，得天独厚的旅游景观的建设应该注意保护其自然原貌，避免人工设施破坏其文化与历史内涵。同时，也正因为内蒙古生态环境的脆弱，在内蒙古地区的生态旅游进行开发和建设的过程中，应该特别注重生态环境的保护，将生态旅游资源的开发和生态环境的保护有机地结合起来。根据生态景点的人口承载能力，进行规划、建设和开发，防止游客的涌入对自然植被可能带来的危害，防止新的土地退化和沙化。

再次，要加大旅游景区专业人才的培养力度。开展景区的生态旅游需要大量专业化人才，从规划、开发、建设到宣传、经营管理和导游都需要一大批高层次的人才。生态旅游的管理者需具备专业知识，并积极参与生态旅游的科研活动，完成从经验管理到专业管理的飞跃。生态旅游对导游人员的要求也很高，因为他们是把生态旅游产品推向旅游者的引导者，并承担着生态教育的责任。因此，要在生态旅游发展中积极创造条件培养自己的生态旅游专业人才，不断完善旅游人才和从业人员教育、培训体系，借助区内外高等院校旅游专业的办学优势，加快高、中级旅游管理人才和实用人才的培养。使旅游者在生态景区内能真正体会生态景区的含义，提高自己的生态意识，使开展生态旅游的真正意义得到体现。[1]

## 第四节　正确处理内蒙古生态文化建设中的几大关系

生态文化是建设绿色内蒙古的灵魂，是人与自然环境和谐共处、永续生存、稳定发展的文化。内蒙古生态文化建设是一项长期性、持续性、社会性的系统文化工程，是一个动态的发展建设过程。在当前内蒙古生态文化建设中，必须正确把握生态文化

1　吕君．内蒙古生态旅游发展分析［J］．内蒙古财经学院学报，2009（5）：30-35.

建设与经济建设、与节约消费以及生态文化继承传统与发展创新等几大关系，从全局角度进行系统规划，以辩证的思维加以推进，从而科学把握内蒙古生态文化的方向，进一步加速生态文化建设进程。

## 一、正确处理生态文化建设与经济建设的关系

随着社会主义市场经济的不断发展，我们对于文化的意识形态引发的社会效益和经济效益，有了更加清晰而鲜明的认识，这是文化生产力得以解放的重要标志。生态文化是社会主义先进文化的重要组成部分，实施内蒙古的绿色发展和生态文化的建设战略，必须将内蒙古的经济发展、生产关系的变革与草原生态文化建设同步进行。从短期看，生态文化与经济建设、生产方式的生态变革有矛盾和冲突的地方；但从长期看，生态文化与经济建设并不矛盾，因为生态文化可以促进经济社会又好又快的发展。因此，在良性的生态环境中发展经济，大力倡导人与自然和谐共处的先进生态观，大力推进生态文化建设，全面提高群众生态环保意识，使生态文化融入经济社会建设和发展的各级领域中，可以促进人与自然、社会的和谐，为经济社会发展提供有力的思想文化支撑。

## 二、正确处理生态文化建设与节约消费的关系

随着我国综合国力大幅提升、人民生活水平不断提高的新形势下，勤俭节约仍然要作为一种美德来传承，尤其是在以生态文化作为主导文化的时代背景下。2015年《中共中央　国务院关于加快推进生态文明建设的意见》中提道：“培育绿色生活方式，倡导勤俭节约的消费观。”节约消费应该作为一种风尚来推广，广泛开展绿色生活方式，推动全民在衣、食、住、行、游等方面加快向勤俭节约、绿色低碳、文明健康的方式转变。同时，推动企业向“低消耗、高产出、低排放、可循环”的生产方式转变，坚决反对资源的奢侈浪费，走生态化的生产道路。自然资源是有限的，既要减少经济增长对环境产生的负外部性，又要摒弃高消费和浪费，用节约资源的消费理念引导生活、生产和消费的关系变革，推动形成与我国国情相适应的绿色生产方式和消费模式，实

现经济发展与生态环境保护的共赢，建立新时代与生态文化相适应的经济发展新范式。

## 三、正确处理继承传统与发展创新的关系

内蒙古的生态文化建设是一个不断发展、合理扬弃、不断创新的过程。继承与创新，是一个民族文化生生不息的两个重要轮子。不善于继承，没有创新的基础；不善于创新，又缺乏继承的活力。文化发展是一个在传承中不断创新的过程，在生态文化的建设中，应充分吸收中华传统生态文化和蒙古族特色生态智慧，蒙古族在长期的游牧生产中，领悟到大自然是万物赖以生存的摇篮，人与自然是水乳交融、密不可分的关系。蒙古族生态智慧凝练于生产方式、生活方式、风俗习惯、宗教信仰、文化艺术、伦理道德、美学与哲学、法规与律令等诸多方面，必须对其中的合理因素吸收和继承。同时，应反思并改造其局限性和落后性，对内蒙古传统生态文化进行深入研究、挖掘、修复，继承、发展和创新，不断增强生态文化与时俱进的有效性，积极构建有利于内蒙古科学发展的生态文化体系。

“我们一定要走好绿色发展之路，使内蒙古的草原林海、沙漠雪原、湖泊湿地成为聚宝盆，让内蒙古的天更蓝、山更绿、水更清、空气更清新、人民更开心。”[1]内蒙古自治区经过多年努力，生态环境有一定的改善，主要生态系统逐步实现良性循环，但内蒙古生态保护和文化建设的长效机制尚未建立，除了正确认识和处理好上述几对关系，制约内蒙古绿色发展和生态文化建设的因素还有很多，如教育科技、传统风俗、民众素质等都会影响生态文化建设的进程。如何处理好保护与发展的关系仍是内蒙古当前生态文化建设的重大任务之一，这就要求我们必须站在新的历史起点上，积极吸收国际生态文明建设的智慧，使内蒙古的生态文化建设充分体现时代精神，反映时代要求。

1 中国共产党内蒙古自治区第十次代表大会报告．内蒙古新闻网，2016-12-01.

## 参考文献

[1] 国家林业局 . 中国生态文化发展纲要（2016—2020 年）[ER/OL]http：//www.forestry.gov.cn/.

[2] 魏智勇 . 以培养绿色师资为抓手　积极引领生态文明建设 [J]. 中国高等教育，2011：（z1）22–23.

[3] 刘海霞 . 论生态文化建设与科技进步之间的关系 [J]. 山东省青年管理干部学院学报，2009（2）：15–17.

[4] 郭云甫 . 关于青海生态文化建设的若干思考 [J]. 青海社会科学，2009（3）：6–10.

[5] 邓乃平，刘宝军，等 . 北京生态文化建设理论与实践 [M]. 北京：中国林业出版社，2015.

[6] 刘亚萍，李银昌 . 生态文化新论 [M]. 北京：中国环境出版社，2016.

[7] 苏雪芹 . 青藏地区生态文化建设研究 [M]. 北京：中国社会科学出版社，2014.

[8] 石宝军，等 . 衡水湖生态文化发展战略研究 [M]. 北京：中国水利水电出版社，2014.

[9] 余谋昌 . 生态哲学 [M]. 西安：陕西人民教育出版社，2000.

[10][ 美 ] 蕾切尔 • 卡森 . 寂静的春天 [M]. 吕瑞兰，等译 . 上海：上海译文出社，2008.

[11] 张德成 . 我国生态文化行为的现状、问题及对策 [C] . 国际生物多样性与文化多样性保护研讨会，2012.

[12] 中国共产党内蒙古自治区第十次代表大会报告 . 内蒙古新闻网， 2016–12–01.

[13] 内蒙古自治区党委　自治区人民政府关于加快推进生态文明建设的实施意见 [R]. 内蒙古自治区人民政府办公厅，2015.

[14] 王金南，秦昌波 . 环境质量管理新模式：启程与挑战 [J]. 中国环境管理，2016（1）：9–14.

草原风电

第六章

# 内蒙古生态文化建设的重点任务

内蒙古自治区地处祖国北部边疆，是全国极为重要的生态功能区和祖国北方的重要生态屏障，具有十分重要的政治、经济和生态战略地位，在维护国家生态安全中具有独特而又不可替代的作用。生态文化作为新时代的一种先进的文化形态，主要包括生态精神文化、生态物质文化和生态制度文化。内蒙古地区的生态文化建设必须在把握生态文化建设共性的基础上，依托自身优势，补齐短板，构建具有内蒙古特色、适应本地区生态环境的生态文化体系。本章将从生态文化精神层面、生态文化物质层面和生态文化制度层面三个方面，坚持从实际出发，按照现代生态文化内涵，从生态文化的系统性和完整性，提出内蒙古生态文化建设的一些重点任务。

## 第一节 生态文化精神层面建设

生态文化是一种典型的精神文化产品，是理念层面的生态文化，主要包括生态伦理、生态哲学和生态教育等内容，它要求确立自然价值观，摒弃“反自然”的文化，走出人类中心文化，建设“尊重自然文化”，按照“人与自然和谐”的价值观，实现精神领域的一系列转变。因此，内蒙古地区生态文化精神层面的建设必须牢牢把握正确的舆论导向，努力传承传统民族文化的生态思想，切实加强理论创新，努力提高全体公民的生态意识，讲求实效，提高引导水平，形成有利于生态文化发展的社会氛围。

### 一、加强生态文化建设基础研究

加强生态文化理论基础的研究。2016 年，环境保护部等六部委颁发的《全国环境宣传教育工作纲要（2016—2020 年）》指出：“组织开展马克思主义环境伦理学、社会学、政治学研究，深入研究和阐释生态文明主流价值观的内涵和外延，挖掘中华传统文化中的生态文化资源，总结中国环境保护实践历程，努力建设中国特色的生态文化理论体系。”生态文化是指导人们生态实践的文化，具有明确的价值指向。因此，开展内蒙古生态文化战略研究，首先需要从国内外生态文化理论中吸取有益的养分，才会做到推陈出新，有的放矢。发达国家比较重视生态文化建设，其生态文化理论发展大体经过了人类中心主义、生物中心主义和生态中心主义三个阶段，对这三个阶段的生态文化思想的发展演变进行研究，对于加强内蒙古生态文化战略研究具有重要的借鉴和启示。中国传统生态文化思想非常丰富，尤其是儒家的天人合一、道家的道法自然、佛家的万物有灵最为重要，除此以外，内蒙古地区传统优秀的草原生态文化、农耕生态文化、森林生态文化、沙漠生态文化等，对于今天的生态文化建设也具有非常重要的启迪，有必要加以研究。然而无论是国外还是国内传统生态文化都带有明显的时代烙印，我们必须取其精华，去其糟粕，辩证吸收。马克思主义生态文化思想博大精深，涵盖了生态认识论、生态统一论、生态关系论、生态危机论和生态理想论等方面内容，对于内蒙古生态文化建设的战略研究具有直接的指导意义，需要认真系统地研究和学习，才能挖掘出符合新时代需要的思想精华。

对国内外生态文化建设的借鉴。与国内东南沿海以及其他经济发达地区相比，内蒙古无论是在经济文化还是思想意识等方面都明显滞后，这是内蒙古地区生态文化建设的“软肋”。内蒙古只有虚心向先进的省份学习，借鉴他们的成功经验，才会站在巨人的肩膀上，避免走弯路。学习借鉴国内生态文化建设的重要区域，一个是京津冀地区，这个地区距离内蒙古较近，而且经济文化较为发达，是全国生态文化建设先行先试的区域，已经积累了非常丰富且成功的经验。另一个重点是一些虽处于中西部，然而经济发展及生态文化建设步伐却明显快于内蒙古的省级行政区，如宁夏、四川、云南等，同样，这些省级行政区也摸索出了许多值得借鉴参考的经验。除此以外，国外生态文化建设较为成功的范例，主要有美国、德国、瑞典以及日本等国，重点学习借鉴那些具有普遍规律且可以复制的经验和做法，不可照抄照搬，从而实现洋为中用。

制定内蒙古生态文化建设的总体规划，开展专项基础性理论研究。内蒙古地区生态文化资源丰富、种类多样，需要对内蒙古地区民族以及传统的生态文化进行彻底普查，在此基础上做好顶层设计，形成内蒙古地区生态文化建设的总体规划。目前，内蒙古地区对于生态文化的研究虽然已有一定基础，但总的来说，无论是政府相关部门的重视程度，还是学术界的研究水平都不高，缺乏深入、扎实的多学科实证研究。应组织相关科研院所及高校的优势科研力量，策划并开展一批重大专题性研究，包括内蒙古地区的生态文化主体类型有哪些、每一种生态文化类型的具体特征及机制，生态文化理论体系研究，草原、农耕等传统生态文化的研究，生态旅游文化研究，中外生态文化比较研究等，做好这些工作不仅可以为政府进行生态文化建设提供有意义的决策咨询，而且具有重大学术价值，需要政府部门高度重视，并在资金等方面予以专项支持，组织不同学科的学者突出重点长期努力方可完成。因此，建议有关部门给予高度重视。

## 二、弘扬优秀传统民族生态文化

中国传统的生态文化与当代生态文化建设的内在要求基本一致。中国传统文化中的儒家、道家、佛教都有着丰富的生态思想。儒家文化作为我国传统文化的主流文化，对我国甚至东方社会都产生了极大影响，它从观念、行为、尺度三个方面分别提出了天人合一、兼爱万物以及中庸的主张，这些主张对此后的社会发展起到了重要的作用。道教也从这三个方面提出了其独特的观点，道法自然是道家的基本观念，遵道贵德是道家的行为准则，无为则是其行动的尺度。道家的理念为生态意识的培养奠定了坚实的基础。佛教中有关生态方面的思想理论，是我国传统文化的重要组成部分。首先它提出了物质的二重性，即凡事均是其本身也均不是其本身，其佛性统一的基本观念、众生平等的行为准则和慈悲为怀的心境影响了一代又一代的佛教信徒，教诲他们善待他物就是善待自己，佛教所遵循的不杀生的理念也从侧面保护了生态物种的多样性。

可见，儒家、道家、佛教蕴含的生态思想，直至今日也仍然是我们可以传承的文化遗产。除此之外，传统文化中的生态习俗、乡规民约、各种禁忌图腾均蕴含了很多的生态思想和生态智慧。所有这些均为我们进行生态文化建设、解决生态危机、积累生态文明成果奠定了良好的思想基础，也为我国建设具有中国特色社会主义生态文化提供了很多有价值的理论观念，我们要珍视我国传统文化遗产，并结合当代中国的具体实践把它发扬光大。

千百年来，北方少数民族在适应内蒙古自治区高原生态环境的过程中，创造了丰富多彩的多元且又独特的生态文化。这种深深根植于文化中的自然价值观，不仅为保护这里独特的自然生态环境做出了极大的贡献，而且为今天的生态文化建设提供了和谐共存的优秀范例。

### （一）蒙古马文化

2014 年年初，习近平总书记在考察内蒙古自治区时讲到蒙古马时说：“蒙古马生命力强、耐力强、体魄健壮。我们干事创业要像蒙古马那样，有一种吃苦耐劳、一往无前的精神。”总书记的这段话更加丰富了蒙古马的精神内涵，让蒙古马精神撒遍广阔的内蒙古大草原。弘扬“坚韧不拔、勇往直前、忠于职守、甘于奉献”十六字“蒙古马精神”，已经成为时代的需要。

蒙古马是生活在蒙古高原上特有的马种，是世界古老马种之一。由于特殊的物种基因、严酷的生存环境和长期的遗传变异，造就了蒙古马耐寒、耐旱、耐力强的特殊属性。蒙古马体形矮小，其貌不扬，然而，在风霜雪雨的大草原上，其却能不畏艰辛、纵横驰骋、屡建奇功，铸就了蒙古马独特的品格和精神。

蒙古马（*Equus caballus mongolica*）又称草原马、高原马，属哺乳纲、奇蹄目马科、马属、草食家畜，是中国北方马匹的主要优良品种。它广布于蒙古高原，中国国内主产区内蒙古自治区，并分布于华北、东北、西北地区；国外分布于蒙古国、俄罗斯、朝鲜半岛、东南亚等地。

目前，全世界马的品种有 300 多个，中国马的品种有 30 多个；全世界马数量在 5 000 多万匹，中国养马数量在 8 00 万匹，占世界马品种数量的 16%，中国蒙古马数量在 120 万匹，占中国养马数量的 15%。

蒙古马与蒙古民族结下了深厚的感情。蒙古人素有马背上的民族之称，蒙古人与马相伴一生，无论童叟均以马代步。马不仅是蒙古人的交通工具，同时也是蒙古民族文化的重要组成部分。在人类文明的历史进程中，马是人类最早驯养的家畜之一，没有任何一种动物对人类文化的推动作用超过马。马成为人类的交通运输工具之后，极大地提高了古代人的迁徙能力。尤其是蒙古族骑兵和战车的出现，深刻地影响了世界许多民族的盛衰荣辱。从而，在人类文明中逐渐形成了一个历史产物——马文化。

1. 蒙古马的起源与生理特性

马属动物起源于 6 000 万年前的新生代第三世纪，蒙古马是世界上最古老的品种之一，家马是由野马驯化而来的。早在 5 000 年前，中国北方民族已驯化马匹为骑乘和挽役，马开始步入人类社会，为人类走向文明贡献着自己的力量。据考古发现，在内蒙古乌兰察布市集宁西北、赤峰市林西县、喀喇沁旗及鄂尔多斯市乌审旗等地先后出土了上新世三趾马和更新世蒙古野马，即普氏野马的骨骼和牙齿化石，说明内蒙古地区是马的祖先三趾马即蒙古马的发源地。

蒙古马体形中等，结构匀称；面部长，耳小直垂，四肢强健；额宽广，嘴头粗，颊厚；

鼻梁平直，鼻孔开阔；眼大明亮，眼眶突出；颈略长，肩短从立，背腰平直；驱体长，胸廓广深，腹围较大；鬃丛密，尾距毛发达；四蹄质致密结实。体高 136 ~ 158 cm，毛色以青、骝、栗、黑、白为主，体 重 275 ~ 375 kg。蒙古马体质结实，胸廓广深，心肺发达，性情剽悍富持久力，适于奔跑和强烈运动，有耐力，善奔跑，繁殖能力强，平均寿命在 30 ~ 35 岁。

蒙古马分几大系列，有乌珠穆沁马、上都河马、乌审马、三河马、科尔沁马等。科尔沁马、三河马属于高头大马，有洋马的血统，高大骏美，四肢修长，爆发力强，速度快，在国内外赛马会上风头露尽，常夺头筹。乌审马短小精干，清秀机敏，很有灵气，戈壁沙地行走如飞，因此这种马很受西部荒漠草原牧民的喜爱。成吉思汗陵内那匹“温都根查干”白神马就是乌审马。乌珠穆沁马是较典型的蒙古马，体格强壮抗病耐劳，善于长途奔跑，适宜作战行军，在古代战争中屡建功勋。据说，世界著名的唐昭陵六骏中就有一匹乌珠穆沁马。

内蒙古草原辽阔，牧草丰茂，很适宜养马。马好运动故食量大，胃小消化快边食边排便，一天多数时间都要不停地吃草。夏季天热蚊虫多，马在白天躲蚊虫、避酷暑，所以主要在夜间吃草抓膘。蒙古人常说：“马不食夜草不肥。”马爱清洁，喜欢饮用河里流动的水。有经验的牧马人常将马赶到河边，以方便其洗浴、饮水。草原上有“旱羊、水马、风骆驼”之说。马食用大量的草，需用水助消化。马在夏季爱奔跑活动，出汗多，如不勤为马饮水，马就不爱食草。牧马人知道：“宁少喂一把草，不可缺一口水。”马有“义畜”的美誉。马与其他牲畜不同，儿马不与自己的直系亲缘交配。待自己的“儿女”长大成熟，儿马会将它们逐出自己的马群。一个儿马拥有 30 ~ 50 匹骒马，骒马群的秩序、安全，都由儿马来管理，如有其他儿马敢冒大不韪，侵入自己的骒马群，它就会扬鬃奋蹄教训它一顿。

2. 蒙古马的文化特征

蒙古人自幼就在马背上成长，马就是蒙古人的摇篮。蒙古人认为，马是世界上最完美、最善解人意的牲畜。蒙古马性烈、慓悍，对主人却十分忠诚，主人如果受伤、醉酒，只要把他放在马背上，它就会十分温顺地驮着主人将他送回家；在赛场上，它会按照

八月草原

主人的意愿拼死向终点奔跑，为了主人的荣誉，它会拼尽最后气力，宁愿倒地绝命也不会半途放弃比赛。蒙古人视马为牧人的朋友，马以头为尊贵，蒙古人严禁打马头，不准辱骂，不准两个人骑一匹马，秋天抓膘期不准骑马狂奔让马出汗。马倌、骑手要随身携带刮马汗板、马刷子，随时为骑乘的马刷洗身子、刮除马汗，为马舒筋活血、放松肌肉、消除疲劳，同时，这也是主人与马亲近、增强感情的途径。牧马人说，“为马刮一刮，刨一刨，胜似喂精料”。

马已深深地融入蒙古人的精神世界之中。蒙古人以马为主题的赞美诗、寓言故事、警句格言、民间传说、民歌、音乐、美术、雕塑数之不尽。蒙古人还有许多与马有关的节日，如赛马节、马驹节、马奶节、神马节等。鄂尔多斯高原上的成吉思汗陵，奉养着一匹成吉思汗的神马温都根查干和两匹成吉思汗的白骏马，每年阴历三月二十一日，国内外成吉思汗的子孙们从四面八方云集到成陵祭祀神马。这个仪式在忽必烈时便以法律的形式定下来，一直传承到现在。为了这匹神马，20年前，成吉思汗的守陵

额济纳胡杨林

人达尔扈特人找遍了鄂尔多斯全盟七旗，在盛产名马的乌审旗，看到一匹一身雪白、四蹄纯黑、眼睛又黑又亮的儿马。儿马看到来访的达尔扈特人，又刨前蹄又嘶鸣。达尔扈特人上前拜见马的主人，问询马的情况。主人说，这匹马是阴历三月二十一日出生，马诞生时门前的湖面上升起一道彩虹。达尔扈特人听后立即上前参拜神马，认定这就是苦苦寻觅的“温都根查干”了。

蒙古马是草原文化中最具有历史背景和现实意义的形象性标志，是代表蒙古族信仰的符号之一，深入挖掘蒙古马文化的丰富底蕴和内涵，是树立民族文化品牌、建设“民族文化大区”的有效途径。蒙古马文化的发展史投射出蒙古族文化的发展历程，保护和传承马文化以及蒙古马的精神是蒙古族人民薪火相传的使命。

**（二）胡杨文化**

胡杨又称胡桐（《汉书》）、英雄树、异叶胡杨、异叶杨、水桐、三叶树，为杨柳科杨属植物，是最古老、最原始的树种之一。在世界上的分布较广，主要集中在地中海周围至我国西北部和蒙古人民共和国等干旱、半干旱荒漠地带的20多个国家。我国的胡杨林分布在西北部地区的新疆维吾尔自治区、内蒙古自治区西部、青海省、甘肃省和宁夏回族自治区等5个省级行政区。胡杨生命力顽强，它抗热、抗寒、抗风沙、抗碱、抗旱、抗瘠，有很强的生命力，是中亚腹地荒漠中唯一的乔木，是演化在干旱地区的一种奇特的森林类型。1 200万年前已遍及中亚、新疆和我国西北。胡杨是与银杏同时代的“活化石”，它的历史价值是无法比拟的，被人赞誉“胡杨生而千年不死，死而千年不倒，倒而千年不烂”。

1. 胡杨的历史演变及其品质

胡杨，属珍稀濒危树种，是由法国植物分类学家葛・阿・奥利维尔于1809年发现的新种植物，是中亚、西亚地区的一种古老树种，在现今的杨树家族中，胡杨是最古老的一员，大约在1 200万年前，在人类还没有出现的时候，它们就遍布中亚地区。汉书曾记载，两千多年以前，塔里木河下游“多芦苇、榆树、梧桐、甘草”，古代史料记载的梧桐，就是现今所指的胡杨。“胡杨”一名，显然是由它类似杨树而又生长在西域，所以，加个“胡”字以示区别，与胡椒、胡桃、胡萝卜的名字一样。考古和古

植物资料证明，汉唐时期，塔里木盆地胡杨林分布极广，占据盆地河流中下游和扇缘地带下部。在新疆南疆，人们把胡杨叫作“梧桐”，当地维吾尔族把它叫作“托克拉克”，意为“最美丽的树”。

胡杨生长在茫茫的荒漠，它能忍受荒漠中干旱、多变的气候，能够适应恶劣的环境，它们所处的环境，年降水量只有 100 ~ 290mm，而蒸发量却高达 1 500 ~ 3 500mm。胡杨，之所以能在如此干旱的土地上顽强繁衍，生生不息，是因为它的优秀品质。胡杨树是大自然的一个伟大创造，它抗热、抗寒、抗风、抗沙、抗碱、抗旱，是中亚腹地荒漠中少见的乔木。为了生存，胡杨树长出不同的叶子，大叶子可以吸收阳光，小叶子可以减少水分的散失；叶片上有蜡质，能够帮助减少体内的水分消耗。植物学家认为，胡杨叶的这种特殊现象，正是胡杨在恶劣条件下不屈不挠的真实写照。

2. 胡杨文化的探讨

（1）胡杨的物质文化。胡杨的药用价值：胡杨分泌的胡杨碱有药用价值，最早见于《本草纲目》，胡杨碱可当酵母发面，可治胃病，维吾尔医生就把它当作一味治胃病的特效药。胡杨碱经化验含有氨基酸、蛋白质、维生素、碳水化合物、盐碱等多种生物基因成分。有人曾在尉犁县的一个胡杨林区做过统计，那里的胡杨碱年产量达 10 万 kg 以上。维吾尔族老乡喜欢用它和面，拉出的面条柔韧而且香甜。胡杨碱不仅可以食用、治病，还可以制作肥皂，也可以用作罗布麻脱胶和皮革脱胶的原料。胡杨树脂具有清热解毒、制酸止痛的作用。用于咽喉肿痛、牙痛、淋巴结结核、胃十二指肠溃疡、胃痛、胃酸过多；外用治中耳炎、痔疮；胡杨的根可以驱虫；胡杨花序可以止血。

胡杨的建材价值：在塔里木盆地周围绿洲世代生活的各族人民把胡杨叫作“梧桐”，用汉语直译出来就是“柴薪”的意思。胡杨木质坚硬，荷重超过天山云杉，并且纹理美观，是优良的建筑材料。采伐后，放在林中自然风干，再加工锯材，板子不翘不裂，不受虫害。楼兰古城中房屋的大梁、粗檀、细椽所用的建材以及棺木、独木舟、木盆、木碗、木勺、木杯等都是胡杨木所制，而且，至今不朽；当年的楼兰王宫，现在只剩下一个平台，但建宫时所用的胡杨木依旧可见，历经两千多年风吹雨打而不烂。

（2）胡杨的行为文化。胡杨顽强的生命力赢得了人们的敬仰和崇拜，在内蒙古额济纳旗2余万 $hm^2$ 的胡杨林中，有一株被称为“神树”的胡杨，树高约28m，主干4个人才能抱住，如此巨大的胡杨树，在世界范围内的胡杨中，也是十分罕见的。当地的蒙古族人，被神树的伟岸身躯和不屈的精神所倾倒，他们常常扶老携幼，前去顶礼膜拜，并为神树演绎出了许多美丽的传说。胡杨，它历经岁月的磨砺，承载千秋万代的艰辛，面对风沙的侵蚀，视死如归般的坦然。活着是一种精神，死了是一座丰碑，倒了如同一樽生命中坚不可摧的城墙。它的铮铮铁骨，它的浩然正气，它的无畏精神，它的顽强斗志，它的不朽精神，给人类树起了一座丰碑！

（3）胡杨的精神文化。胡杨具有中华民族坚韧不拔的精神，因而，也成了古往今来人们赞美的对象。胡杨大多生长在大漠戈壁，生存环境恶劣，没有和煦的阳光，也没有充足的水源，更没有人类精心的呵护，但是它还可以生存，是因为它有“艰苦创业，顽强不屈”的精神。胡杨在人们看来是最顽强、最包容、最悲壮的树，人们面对它生的顽强与死的悲壮，会感到大自然的伟大与永恒。胡杨既没有高耸挺拔的树干，也不具备彩云华盖般的树冠。可是，粗犷扭曲的枝枝杈杈，支撑着茂密无序的叶片，更像是一个历经无数风霜雷电，傲视沧海变幻的戈壁铁汉，吞吐大漠风云的气概，默默低吟着“守土有责”的誓言，千秋百代、忠贞不移地维护着、养育着西域这片广袤瀚海，演绎着这片土地的生死轮回。胡杨骨子里那种“冻死迎风站，饿死不弯腰”的坚韧气节，成为在逆境中的精神楷模。[1]

**（三）骆驼文化**

远古的戈壁大漠中，征途之上，驼铃清脆，开启了古代丝绸之路的浩渺旅程。骆驼，作为丝路之上最重要的交通工具，成为人类不可缺少的伙伴。所以从古至今，骆驼始终被人们视作吉祥和深情的象征，一直受到人们的尊敬。

1　王亮，等．胡杨文化探讨［J］．内蒙古林业调查设计，2013（1）：128-129.

1. 骆驼的分布与生理特性

骆驼是骆驼科骆驼属的动物，1 000 万年前生活在北美洲，骆驼远祖越过白令海峡到达亚洲和非洲，并演化出双峰驼和单峰驼。生活在沙漠边缘的人类早在公元前 3000 年已经开始驯养骆驼，作为役畜，以供驮运和骑乘，许多国家有倚赖骆驼为生的骆驼牧民，甚至有骆驼骑兵。

从数量看，全世界 2010 年非完整统计数量升为 1 800 万峰，其中单峰驼 1 600 万峰，双峰驼 200 万峰。非洲数量最多，约占全世界骆驼总数的 71.75%，特别是北非撒哈拉沙漠的东南边界的国家里，骆驼占有很重要的经济地位；亚洲次之，欧洲约占 26.9%，大洋洲仅占 1.35%。从分布的国家看，全世界共有 23 个国家中有骆驼，其中总数在 290 万峰以上的国家有苏丹、索马里；95 万峰以上的国家有印度、埃塞俄比亚；20 万峰以上的国家有中国、蒙古、毛里塔尼亚和巴基斯坦；中国是世界上双峰骆驼的主要产地之一。全国约有骆驼 28 万峰，主要分布在内蒙古、新疆、青海、甘肃、宁夏等省区约 110 万 $km^2$ 的干旱荒漠草原上。从数量看，以内蒙古为最多，约占全国骆驼总数的 67%。

内蒙古的骆驼从分布的生态地理规律看，是由草原带向荒漠带过渡，荒漠化程度越高，其数量也就越多，即从内蒙古的东部向西部，骆驼的数量逐渐增加，直到阿拉善左旗、阿拉善右旗、额济纳旗等草原荒漠化程度较高地带，乃是我国骆驼最集中的产地。这一地域约有 25 万 $km^2$，共有骆驼约 24 万余峰，占全国骆驼总数的 40% 左右。

成年骆驼一般到肩膀身高 1.85 m，到驼峰身高可达 2.15 m。体长：以双峰骆驼为例，体长可达 3 m。骆驼头较小，颈粗而长，弯曲如鹅颈。躯体高大，体毛褐色。眼为重睑，鼻孔能开闭，四肢细长，蹄大如盘，两趾、跖有厚皮，都是适于沙地行走的特征。尾细长，尾端有丛毛。背有 1 ~ 2 个较大驼峰，内贮脂肪。胃分 3 室（缺少瓣胃），可以反刍。性情温顺，常单独活动，食粗草及灌木。寿命约 30 年。骆驼有两种：具有 1 个驼峰的，称为单峰驼，主要分布于阿拉伯半岛、印度及非洲北部；具有 2 个驼峰的，称为双峰驼，体长约 3 m，高 2 m 以上，前后两峰相距约 0.5 m。绒毛发达，颈下也有长毛。上唇分裂，便于取食。骆驼颇能忍饥耐渴，每饮足 1 次水，可数日不喝水，仍能在炎热、干旱的沙漠地区活动。由于它们鼻内有很多极细而曲折的管道，平时管道被液体湿润着，当体内缺水时，管道立即停止分泌液体，并在管道表面结出 1 层硬皮，用它吸收呼出的水分而不致散失体外；在吸气时，硬皮内的水分又可被送回体内。水分如此在体内反复循环被利用，故能耐渴。

2. 骆驼的文化特征

远古时期的游牧民族在与骆驼长期相处的过程中，建立了深厚的感情，对骆驼的崇拜也发展到极致。把最好的骆驼挑选出来，敬献给天地、山神、树神，不使用不宰杀，终生供养。佛教传入后，他们除了将最好的骆驼敬献给山神外，同时另选一峰敬献给佛，作为佛之骑乘，也是不使用不宰杀，终生供养。此外，对驼群中为全家作出巨大贡献的骆驼视为“功臣”驼，退役后不宰杀不转售，终生供养。在一些养驼区，还盛行着将骆驼作为实体祭祀的习俗。这种祭驼活动内容十分丰富，包括祭儿驼（种公驼）、祭母驼、祭驼群等。

草原上的牧民在生产生活的实践中，创造了丰富多彩的歌舞、体育、娱乐、祭祀等活动，形成了民族特色浓郁、地区特色鲜明的骆驼文化。为了颂扬骆驼的功绩，并希冀驼群繁殖增收，族牧民创作了索尔吉纳舞，即公驼舞或金驼舞。每逢秋季分驼群时，男女老幼拉手成排，边唱赞驼之歌边踏步起舞。其中有两人分别扮演公母骆驼，模仿骆驼昂首颠跑，相互在队形中穿插追逐嬉戏。待“公驼”将“母驼”捉住后，换人表演。循环反复，尽兴而散。

赛骆驼，是草原上许多地方那达慕盛会上不可缺少的娱乐竞技活动。它分为近程赛和远程赛两种，近程赛 3 ~ 5 km，远程赛 5 km 以上，以 10 km 居多。比赛前，一般要举行隆重的“唤风”仪式，骑手们驱驼绕燃烧的香火三圈，并接过送行人敬献的银碗美酒一饮而尽，然后到起跑线上等待比赛。比赛时，驼群你追我赶，争先恐后，最高时速可达 80 km，连骏马也难以匹敌。赛事结束后，还有“接风”仪式，并当场发奖，有的地方万米驼赛的奖品是一峰骆驼。

一位哲人说过：骆驼精神，一是相信沙漠的那边有绿洲，二是一步一个脚印走向充满希望的绿色。骆驼精神，始终是推动时代前进的伟大动力。

著名词作家火华，在《金色的骆驼》歌词中抒情咏志：

“骆驼啊骆驼，金色的骆驼，
你驼我走过浩瀚的沙漠。
在那干渴的旅途上，
领我走到粼粼碧波。
在那暴风雨袭来的时候，
你用身体温暖了我。
啊，骆驼，有你引路，
我知道应该怎样生活。
骆驼啊骆驼，金色的骆驼，
你是一座行走的山坡。
风沙漫漫你昂首天外，
烈日炎炎决不退缩。

没有叹息，没有哀怨，
永远是一支奋进的歌。
啊，骆驼，有你引路，
我知道怎样开拓。”

历史上，人们常常用骆驼来比喻那些肯于吃苦、勇于进取者。胡适先生就曾将徽商称为“徽骆驼”。人们把那些为党和人民的事业鞠躬尽瘁、无私奉献的共产党员和领导干部，也誉之为“骆驼”。叶剑英元帅曾这样评价任弼时：“他是我们党的骆驼，中国人民的骆驼，担负着沉重的担子，走着漫长的艰苦道路，没有休息，没有享受，没有任何的个人计较。他是杰出的共产主义者，是我们党最好的党员，是我们的模范。”这既是对任弼时同志骆驼精神的高度赞扬，也是对骆驼精神的最好概括。

骆驼的文化深深地根植在草原民族的生活中，骆驼精神也深深地烙在了历史的丰碑上！内蒙古广大草原民族像骆驼一样，相信沙漠的另一端就是绿洲，他们一步一个脚印，坚定的走向远方，生活充满希望。

**（四）驯鹿文化**

敖鲁古雅使鹿鄂温克族作为我国北方少数民族的一支，在漫长的历史长河中与驯鹿为伴，创造了独特而灿烂的驯鹿文化。

1. 历史脉络

敖鲁古雅鄂温克部落长年居住在大兴安岭林海雪原深处，以狩猎和养鹿为生，历史上被称为“雅库特”“使鹿部落”。鄂温克猎民的先祖一直生活在外贝加尔湖和贝加尔湖沿岸地区，唐朝时期被称为“鞠国”。13—14 世纪，鄂温克猎民一直繁衍生息于此。至 16—17 世纪中叶，使鹿鄂温克猎民迁徙至贝加尔湖西北列拿河支流威吕河和维提姆河一带。清史册记载，鄂温克猎民的居住地被称为“使鹿之邦”“产狐貂之地”。1658 年沙俄入侵时，鄂温克猎民被迫迁至额尔古纳河右岸地区，于深山密林中以饲养驯鹿、游猎为生。1965 年，自治区政府批准在根河市敖鲁古雅地区成立敖鲁古雅乡并开始定居。2003 年敖鲁古雅乡整体迁移至根河市郊的三车间。

几百年来，敖鲁古雅鄂温克猎民在长期的游猎、养鹿生活中，形成了独特的生产

技能、生活习惯和文化风格。虽然处于严酷的自然环境中，但他们积极探索并掌握了大量的天文地理、生态环境、生产生活规律等知识，并在不断总结、提炼中传承、发扬这些宝贵的文化遗产资源，形成了独具魅力的民族文化。作为我国唯一饲养驯鹿的族群，敖鲁古雅使鹿鄂温克人拥有独特的驯鹿文化、狩猎文化、桦皮文化。其中，驯鹿文化凝结着鄂温克民族的精神情感、民族特征，是鄂温克民族精神凝聚力的重要载体。敖鲁古雅鄂温克族被誉为“中国最后的狩猎部落”，他们的传统民族文化，在北方少数民族中独树一帜，丰富了中华民族传统文化的内容。

2. 生态文化价值

在漫长的历史进程中，鄂温克族对自然生态环境保持着平等和敬畏的态度，与自然界万物和谐共生，并不将自己凌驾于自然之上，不认为大自然是取之不尽、用之不竭的，不会贪婪地只向自然索取甚至破坏，而是以虔诚而谦卑的态度面对自然、保护自然。始终以一种最低需求的生存方式，与大自然和谐共处。例如，在获取和使用桦树皮时，坚守“取之有度，用之有竭”的理念，避免破坏“白桦姑娘”的生长；在采集野生蓝莓时，为避免破坏植株，鄂温克族用手轻轻摘取而不像当地其他采集者为追求效率用“撮子”采摘进而造成对植物的破坏。这种对自然资源适度使用，绝不违背自然规律而过度开发的观念，对于当前建设美丽内蒙古具有一定的启示和借鉴意义。[1]

2010 年，内蒙古自治区政府命名根河市敖鲁古雅鄂温克使鹿文化生态保护区，成为全国首批 5 个自治区级文化生态保护区。敖鲁古雅鄂温克使鹿文化生态保护区，依托森林、冰雪、草原等美丽的自然景观，在保护生态环境的同时，利用民俗文化资源优势，走美丽与发展共赢之路，不仅改善了敖鲁古雅鄂温克使鹿民族文化的整体生存环境，更促进了保护区范围内非物质文化遗产资源的保护工作，激活了非物质文化遗产项目传承人的传承活力。敖鲁古雅鄂温克使鹿文化生态保护区成为当地民众认识传统民俗、传递民族文化、增强民族认同感的载体，也是外界了解、感受使鹿文化魅力的窗口。敖鲁古雅乡被自治区命名为“驯鹿文化之乡”“桦树皮文化之乡”。凸显敖

1 孟荣涛．内蒙古文化生态保护区建设研究［J］. 实践，2016（6）：48-49.

鲁古雅鄂温克使鹿文化、民俗风情的大型文艺晚会，不时地在全国各地辗转演出。敖鲁古雅乡的基础设施不断改善，自主发展能力也不断增强。在敖鲁古雅驯鹿养殖区、驯鹿文化博物馆、手工艺制作作坊、自然景区等地，吸纳了众多的鄂温克族猎民前来工作。旅游服务产业解决了百余名猎民的就业问题，也带动了他们学习制作、销售民族工艺品的热情，人均收入不断提高。以敖鲁古雅部落名义加入国际驯鹿养殖者协会后，敖鲁古雅乡成功获得第五届国际驯鹿养殖者代表大会的主办权，并成功举办 2013 年国际驯鹿养殖者代表大会。如今，进一步协调统一地保护和发展驯鹿文化与生态环境，已成为敖鲁古雅鄂温克使鹿文化生态保护区新的努力方向。

### 三、加强生态文化的宣传与教育，提高全体公民的生态意识

生态意识，是指人们对人类生存和发展的理性思考的现代文化意识，它是从与自然的整体优化来看待人类社会发展的，是经济社会发展到一定阶段的必然产物。在价值取向上，生态意识强调人和自然的平等相处、相互依存，并通过这种和谐的关系来规范人们的行为方式，最终实现人与自然的良性循环与和谐发展。在现代社会发展中，它表现为人类追求社会政治、经济、文化发展与生态和谐的美好愿望。公民的生态意识主要包括：公民对生态知识的了解程度，对建设生态文化的态度、意愿倾向及评价，对生态建设的参与程度。公民对生态内涵的深刻把握，是树立公民生态意识的标志之一。①对生态内涵的深刻理解，有利于人类在开发利用资源的时候，意识到自然资源的稀缺性，有所节制，并充分利用。人们有了生态意识，才能在实践中正确处理人与自然的关系，不断调整自身行为，使人类能在自然生态系统中保持生存和不断发展。②公民对生态的科学认知和评价，以及认同并参与的态度和价值取向起着关键作用。这些从根本上是由生态意识决定的，也就是说，意识是基础，只有打好基础，上层的制度建设及发展模式才会筑牢。③当公民主动投身生态文化建设时，不仅体现了其社会责任感，更有助于社会整体共同建设社会主义生态文化，这体现了公民生态意识的成熟。

提高公民生态意识的最为重要的手段之一，就是加强生态教育。可以通过全社会的生态教育，对公民进行正确引导，帮助其树立正确的生态价值观。生态教育包括生

态学知识与理论、生态哲学、生态伦理、生态道德、生态艺术、生态美学、生态文学以及各种生态法规等。通过从不同层面、采用不同方式对公民进行系统性的或分散性的生态教育，可以提高公民的生态意识和对生态世界的理解，也就能够善待自然、善待人类自身，从而养成自觉的生态行为。当然，生态文化建设是一个复杂的系统工程，涉及社会各个方面、各个领域和各方利益。因此，生态教育是一项长期而艰难的工作。所以在生态教育中，要增强公民的体验性，通过切实感受影响公民的价值选择。具体来讲，要在教育过程中让全社会认清我国生态环境的现状，以及我国在生态文化建设中面临的问题等，要想方设法使科学发展观、建设资源节约型和环境友好型社会以及发展循环经济的理论得到公民的高度认知和认同。另外，还要拓宽公民的视野，引导形成生态全球观，即生态问题并不仅仅属于一个城市或地区，它是一个涉及国家甚至国际层面的问题，需要全世界共同努力，统一思想，全球一致对抗，只有这样才能缓解环境问题给我们带来的困扰。可见，提高公民的生态意识极其重要。

宣传和教育是提高人们思想认识、改变人们行为的有效途径。只有加强宣传和教育，生态文化才能被人们所接受，才能实现其化人于无形的作用，才能在实践中实现自身的价值。生态文化是生态文明的精神依托和道德基础。生态知识的传播、生态意识的培养、生态素质的提高、生态行为的养成，最基本的途径就是宣传和教育。如何培养年轻一代的生态保护意识，离不开基础教育的功能，生态保护意识一旦融入年轻人的思维，必将产生巨大和长久的影响力。当前，反映自然和生态保护的内容在我国不同地区的中小学教材和教育读物上也不同程度体现，自然生态保护的思想也开始在中小学学生脑海中萌芽，其言行举止也初步反映我国近些年生态教育和宣传的初步成果。然而，眼下的成绩和我们的目标还是有着一定程度的差异，在基础教育这块，我们还可以更进一步挖掘对生态保护的有益成分。

立足于内蒙古地区特殊的生态环境，基础教育的责任和义务更加艰巨，内蒙古地区生态保护教育形式应该强调特色化、生动化，在思想上，除了传播当代国内外社会生态保护基本思想，宣传自然生态环境保护的重要性外，还要结合地方风俗、民族习俗以及宗教习成中关于保护生态保护的思想和观念，让生态保护思想融入他们幼小的

锡林郭勒盟多伦县多伦湖景区入口

心灵中，直至生根发芽；在行动上，一方面，社会应加强对青年一代特别是学生的自觉性教育和美德教育，使他们养成自觉保护环境、美化环境的良好习惯，并以主人翁的精神积极投身于生态保护行动中。另一方面，学校应充分发挥学校教育的功能，积极地响应和宣传植树节、无烟日、自行车日等一系列关于环境保护的公益活动，通过报栏、宣传板、文艺活动或自己身体力行的方式参加自然环境保护的活动，进而调动整个社会保护生态环境的激情，启发各民族干部群众强烈的生态意识，使之理性化，用以约束自己的行为和指导生产、工作，按照自然规律和经济规律办事，从而促进人与自然关系的和谐发展。

## 第二节 生态文化物质层面建设

生态文化物质层面建设是生态精神文化的物化过程，主要包括设施、设备、产品、工具、景观在内的物态文化。更多地通过对生产方式的生态化选择，为生态文化理念的普及提供物质保障。加强生态文化基础设施建设，保护好文化资源和自然资源，加快生产和生活方式的生态化转变，是物质生态文化建设的主要内容。内蒙古地区进行生态文化建设，强化生态物质基础设施是最佳出发点。

### 一、以生态建设工程为抓手，加强生态环境建设

良好的自然生态环境是生态文化发展进步的基础。生态文化建设绝不能脱离生态环境建设的实际，必须解决生态环境建设领域的实际问题。

“十二五”期间内蒙古森林面积增加 1 822 万亩，活立木蓄积量增加 1.23 亿 $m^3$，森林覆盖率提高 1.03 个百分点，荒漠化和沙化土地分别减少 625 万亩和 515 万亩，减少面积均居全国首位。2016 年，内蒙古草原植被盖度达 43.8%，比 2010 年提高了 6.7 个百分点，比 2000 年提高了 13.8 个百分点，草原“三化”面积比 2010 年减少了 671.29 万亩，比 2000 年减少了 3 836 万亩，其中重度退化面积减少了 3 048 万亩，草原生态恶化趋势得到整体遏制。但由于自然环境复杂脆弱，区域产业结构不尽合理，内蒙古生态安全仍面临严峻挑战，生态建设和环境保护任务依然艰巨。

目前，内蒙古地区要根据生态文化的建设指导，重点抓好规模比较大的生态建设工程，在祖国的正北方构筑起以森林和草原为主体、生态系统良性循环、人与自然和谐相处的重要生态安全屏障，并以此为基础总结经验、完善措施，提高建设质量。对于改善内蒙古自治区以及我国华北、西北及东北地区生态环境，保障国土生态安全，促进全国的生态文明建设，具有十分重大的现实意义和深远的战略意义。

2013 年，内蒙古自治区政府印发了《内蒙古自治区构筑北方重要生态安全屏障规

划纲要（2013—2020年）》，提出了构筑北方重要生态安全屏障的总体建设目标：力争到2020年，全区森林覆盖率达到23.0%，草原植被盖度稳定在45%以上，林木蓄积量达到14.6亿$m^3$。森林资源总量显著增加，林分质量明显提高；草原得到自我修复，植被明显恢复。全区森林、草原、湿地、农业等四大生态系统趋于稳定，城市和荒漠生态系统明显好转，生态服务功能进一步加强，逐步形成完备的生态体系、发达的产业体系和健康的文明体系，北方重要生态安全屏障的架构初步成型。[1]

重点实施加快推进主体功能区建设，谋划生态安全战略区的举措。内蒙古将按照自治区主体功能区规划中重点开发区、限制开发区和禁止开发区的战略布局，结合我区生态保护和建设的实际，依据本地区不同区域的资源环境承载能力、现有开发密度和发展潜力等，以建立总量保证、布局均衡、结构合理、功能完善，点、线、面相结合的林草植被网络体系为目标，将内蒙古自治区生态安全屏障划分为“3522”建设布局。“3”是指大兴安岭山脉、阴山山脉和贺兰山三个生态保护建设区。“5”是指沙地防治建设区、沙漠防治建设区、黄土高原丘陵沟壑水土保持治理区、草原保护建设区和平原农区建设区等五个生态保护建设区。第一个“2”是指两类建设重点，一类是指自然保护区、森林公园及重要湿地，另一类是指城镇、村屯、工矿园区（包括废弃工矿地）两个点状分布的保护和建设重点。第二个“2”是指交通网络和江河沿岸两个线状的保护和建设重点。

生态工程的生态效益固然重要，但我们还应该重视生态工程的社会效益和经济效益。应该让广大群众在生态建设中享受生态，从生态建设中真正受益。在城镇要加强城市基础建设，因地制宜、突出特色，建设城市森林公园、湿地公园、生态养生园林、文化休闲街区、健身步道、城郊生态旅游带等，提供人类亲近自然的场所、清洁的空气和水源、绿树成荫、鸟语花香的宜居环境、满足生态产品的需求供给，提升普惠民生最具影响力的生态文化福利和幸福指数；在乡村，一方面我们要践行生态文明之路的美丽乡村和各具特色的发展模式，以制度保障生态文化底蕴深厚的“老少边穷”地

1　内蒙古自治区政府．内蒙古自治区构筑北方重要生态安全屏障规划纲要（2013—2020年）［EB/OL］.http://www.nmglyt.gov.cn/xxgk/ghjh/jcgh/201508/t20150803_95411.html.

区消除贫困，共享改革发展成果，实现生态文化保护传承与增进百姓福祉的统一。另一方面，要大力推进生态家园、清洁水源、清洁田园建设工程，综合整治农村生产生活环境、恢复自然景观资源，建设生态文化淳厚、生态空间环保、绿色食品安全、百姓生活富足的美丽乡村，使广大群众不断提高建设生态的热情并自觉接受生态文化。

## 二、加强生态文化基础设施建设与管理

2016年，环境保护部等六部委颁发的《全国环境宣传教育工作纲要（2016—2020年）》指出："充分发挥各类图书馆、博物馆、文化馆等在传播生态文化方面的作用。加强自然保护区、风景管理区等的生态文化设施建设和管理，积极推进中小学环境教育社会实践基地建设，使其成为培育、传播生态文化的重要平台。"[1]"生态文化基础设施是传播文化科学知识和精神的重要阵地，是生态文化建设的重要组成部分。"[2]近几年，内蒙古地区的生态文化基础设施建设已取得了长足的进展，然而，随着时代的发展，生态文化的表现形式日趋多元化、多样化和开放性，必须建立生动鲜活且又趣味浓郁的生态文化载体，才会增强生态文化的亲和力、凝聚力和生命力，才会满足内蒙古全面建设生态文化的时代需要。

生态文化建设是社会公益事业，因此要建立起政府部门主导、社团辅助、社会各界广泛参与的生态文化基本建设投入保障机制。首先，政府主管部门要切实履行职责把握导向，依据生态文化发展建设规划，落实专项资金，保证生态文化基本建设投入。着重贫困边远地域的生态文化载体建设，加大对自然保护区和森林、湿地、海洋、地质、沙漠等各类公园和动物园的生态文化博物馆、科技馆、标本馆等基础设施建设的财政支持力度，消除科普宣教盲区；其次，要鼓励社会民间资本参与生态文化宣传教育基础设施和基础产业投资；最后，要鼓励公共基金、保险资金等参与具有稳定收益的，城市生态文化宣传教育基础设施建设和运营。

同时，要以群众需求为导向增加相应的设施，提高生态文化设施的利用率。要通

1　环境保护部，等．全国环境宣传教育工作纲要（2016—2020年）[R]．环保部办公厅，2016.
2　张新宇，等．生态文化建设的基本着力点[J]．环渤海经济瞭望，2008（9）：42.

过调查研究，建立生态文化需求表达和决策参与机制。以此改变生态文化产品和服务供给与人民群众多样化文化诉求目标错位、需求结构不对称现象，促进生态文化服务决策的科学化、民主化。要充分利用现有的公共文化基础设施，积极融入生态文化的内容，从而达到丰富和完善生态文化基础设施的目的。要对现有的生态文化基础设施进行维护、改造、整合，完善功能，丰富内涵，确保生态文化基础设施的正常运转和功能的最大发挥；作为管理部门，要创新生态文化设施运营模式，推动资源的整合利用。生态文化服务建设强调“体系化”，这就要求将过去分属不同部门和单位管辖的公共文化设施和场所进行整合利用、集约开发，倡导各地区围绕提高生态文化设施利用率积极探索、大胆实践。把工会、妇联、科协、共青团等组织的文化活动设施和场所，通过制度创新，将这些领域的生态文化资源更好地实现共享，有效缓解生态文化资源不足带来的困扰。

## 三、发展生态经济，加快生产方式的转变

近些年，内蒙古自治区深入贯彻落实习近平总书记考察内蒙古重要讲话精神，大力践行新发展理念，主动适应经济发展新常态，统筹做好稳增长、促改革、调结构、惠民生、防风险各项工作，经济运行呈健康平稳发展态势。今后，应该注意经济与生态的互动辩证关系，充分发挥生态文化对经济的引领作用，培植“生态经济”这一新的经济增长点。

第一，要重视产业结构调整，大力发展特色生态产业。绿色是内蒙古的底色和价值，生态是内蒙古的责任和潜力。新时代，内蒙古将以绿色发展为引领，全面优化产业布局，加快调整产业结构。发展壮大节能环保等战略性新兴产业和现代服务业，推动建立健全绿色低碳循环发展的经济体系。推进能源生产和消费革命，构建清洁低碳、安全高效的能源体系。推进资源全面节约和循环利用，大幅降低重点行业和企业能耗、物耗。进一步加强生态保护和建设，切实打好污染防治攻坚战，这不仅回应了人民群众由“盼温饱”到“盼环保”“求生存”到“求生态”的民生需求，也将为经济发展转方式、提效益注入强大动力。

一是生态优势创造新供给。内蒙古应继续推动文化、健康等元素融入生态环境，依托大草原、大森林、大湿地、大沙漠、大湖泊等特色生态资源，延长生态经济产业链，深度开发以体验性、参与性、娱乐性为主的生态健康品牌，扩大生态旅游、健康养老、养生娱乐等新兴产业供给，促进内蒙古生态经济效益释放。

二是绿色发展拓展产业发展新空间。内蒙古要以加快建立完善绿色生产和消费制度为导向，把“减量化、再利用、资源化”融入产业发展，围绕建立健全绿色低碳循环发展的经济体系，深入探索“绿色发展、循环发展、低碳发展”的实现途径，推广乌梁素海 40 万 t 聚乙烯项目、鄂尔多斯兰炭清洁能源项目等资源精深加工典型范例，将为壮大节能环保、清洁生产、清洁能源产业，以及发展绿色金融、培育经济发展新动能提供难得机遇。

第二，重点打造一批生态型企业。企业是培育和实践生态文化的重要主体。生态型企业的特点是生产的全过程是生态的，产品也是生态的。通过近十多年的努力，内蒙古自治区从加强污染治理到推动低碳循环发展，从推进清洁生产到划定生态红线，从完成环保违规项目清理整顿到试点排污许可和排污权有偿使用制度，内蒙古形成了标准引领、准入把关、监管倒逼、减排推动、整治促进等有效抓手，推动经济转型升级。

“十二五”期间，内蒙古实现了由“一煤独大”向产业多元的转变，煤炭对工业增长贡献率由 33.5% 下降到 11.3%，装备制造、高新技术、有色金属和农畜产品加工贡献率由 31.7% 上升到 49%。与此同时，通过淘汰落后产能，为绿色产业、绿色经济腾出大量发展空间，现代煤化工、稀土新材料、云计算、现代服务业风生水起。全区在保持经济平稳较快增长、工业化和城市化加快推进的形势下，主要污染物排放总量持续下降，全面完成了国家下达的节能减排指标。

为铸就经济绿色动力，内蒙古在节能减排上推行“减法”运算。按照“消化一批、转移一批、整合一批、淘汰一批”的思路，全区积极淘汰落后产能，腾出发展空间。而在新兴产业上，内蒙古则用“加法”运算。五大基地建设如火如荼，新一代信息技术、新能源、新材料、高端装备制造、生物产业、节能环保等产业在 GDP 中所占的比重越来越高。

包钢近年来淘汰产能近千万吨，绿色发展成为企业主旋律

在取得成绩的同时，建议内蒙古的工业企业要抓住生态文化建设的历史机遇，大力倡导、实践生态文化，转变经营思路，切实认识到，“企业经营者应把生态发展作为企业活动的指导思想，把自身的生态发展能力提高作为一项重要任务，把生态发展目标纳入企业改革发展的长远规划，使企业的生产经营活动向着有利于‘人—社会—自然’复合性生态系统健全的方向发展，构建起和谐统一的企业生态管理机制、生态创新机制和生态发展机制”。[1]

第三，加强对农牧业的生态化改造，积极申报国家级生态村。乡村振兴战略实施将激活农村牧区市场要素活力，以休闲农牧业与特色旅游、电商等为代表的农村牧区新产业新业态将蓬勃兴起，返乡下乡创业人员、家庭农牧场主、合作社理事长等各类新型农牧业经营主体和农牧业创业者将大量涌现，为提升农牧业现代化水平提供有力支撑。畜牧业的生态化改造，要注意推广生态农牧区试验点的成功经验，扩大舍饲圈

1 章鹏．经营者需要提高生态文化素养[J]．经营管理者，2008（6）：86-87.

养比重，大力发展饲料加工、饲草青贮养畜等技术，减轻畜牧业发展对草原的生态压力。对于内蒙古的农业生产，可耕地十分有限，必须摒弃粗放型经营模式，加大高效生态农业推广力度，坚持走集约化的生产之路。对于不适于人居、不适合发展农牧业的地区，建议适当实行生态移民，建立无人生态区。

制定符合区域环境规总体要求的生态村建设规划。开发本地区、本民族的生态文化资源财富、传承优秀传统生态文化遗产，以原住民为主体，打造和扶持具有区域民族特色、市场潜力和品牌效益的生态文化旅游、休闲养生、历史文物典籍展示、民间工艺制作、歌舞技艺表演、“农家乐”“渔家乐”“森林人家”“草原人家”等生态文化产业和创意产品，特别要以草原为支点，大力开发生态旅游，打造内蒙古生态文化精品。拉动民生改善，提升文化自信和文化自觉。大力推进生态家园、清洁水源、清洁田园建设工程，综合整治农村生产生活环境、恢复自然景观资源，建设生态文化淳厚、生态空间环保、绿色食品安全、百姓生活富足的美丽乡村。

第四，要大力发展生态文化产业。生态文化产业是一项前途光明、市场广阔的朝阳产业。对于内蒙古来讲，既要开阔发展思路，拓宽发展途径，推动生态文化产业快速发展，不断提高生态文化产品供给能力，又要充分挖掘森林文化、沙漠文化、湿地文化、野生动物文化、生态旅游文化等发展潜力，增强生态文化产业的活力。在全区森林、沙漠、湿地、生态旅游等产业发展的过程中，要特别重视与实体产业配套的文化研究，增强产业发展的活力与后劲，使生态文化切实为实体产业的发展提供强大的精神支撑，推动实体产业健康持续发展；也要努力发展生态文化影视、音乐、书画等精神文化产业，要依托地方特色和民族特色，创造一批有影响力的生态文化作品。建议各级政府部门要畅通融资渠道，充分挖掘和培育生态文化培训、咨询、论坛、传媒、网络等信息文化产业。要鼓励各种投资者投资生态文化产业，提高生态文化产品生产的规模化、专业化和市场化水平。因此，内蒙古要充分挖掘当地自然与人文资源的精神价值，发展各种生态文化产业，把它既要作为经济增长点，也要作为可持续发展的着力点。

## 四、发展民族文化产业

民族文化产业的特色在于它依托的是各少数民族优秀的文化传统，通过对传统文化资源的产业化运作，使民族文化资源得以开发和利用，使民族自身得以更好地发展。内蒙古自治区成立 70 多年来，文化产业经历了起步、发展、壮大和繁荣的过程。特别是改革开放以来，自治区党委、政府以高度的文化自觉和文化自信，制定和采取了一系列旨在加快文化改革发展步伐的政策措施，不断推动民族文化创造性转化和创新性发展，使文化资源优势转化为发展优势，极大地提升了内蒙古的文化竞争力。2003 年，自治区党委、政府提出建设民族文化大区战略，把发展文化产业作为自治区民族文化大区建设的重要目标，全区文化产业发展开始起步。2011 年又提出逐步实现由民族文化大区向民族文化强区跨越的目标任务，全区文化产业发展提速。经过 10 多年的不断发展壮大，自治区文化产业在总量规模、产业结构、效益水平、文化体制机制改革等方面取得长足进步。

在长期历史发展中，各少数民族形成了独特的民族建筑、民族服饰、民族佳肴、民族手工艺品等传统产业，具有鲜明的民族特色，真实地再现了各民族的文化传统，不仅具有独特的现代经济价值，而且还是少数民族聚居地区未来最具发展潜力和市场竞争力的产业部门。新时代文化产业肩负着重要的文化担当与使命，内蒙古自治区要以习近平新时代中国特色社会主义思想为指引，立足多年来文化产业发展积累的基础，促进文化产业进一步繁荣发展，不断为全区各族人民提供更好更多的文化产品和文化服务。

（1）加大规模以上文化企业培育力度，壮大龙头企业。在推动文化产业集聚发展方面，自治区已命名 20 个骨干文化企业、70 个重点小微文化企业和 70 个重点文化产业项目，引领文化产业发展。下一步要深入推进文化与科技融合、与旅游融合、与资本市场对接，推动文化产业融合发展。以资本为纽带进行整合并购，实现资源集聚、协同发展，培植具有地区特点、民族特色、具有一定规模和较强竞争能力、在国内外有较大影响力的文化产业集团，推进、调整和促进全区文化产业结构整体升级。

（2）立足民族文化资源，深入推进文化产业供给侧结构性改革。深入挖掘内蒙古优秀传统民族文化资源内涵，是解决目前文化低端产品产能过剩与高端产品有效供给不足的供给侧结构性问题的重要途径。依托草原文化、昭君文化、蒙元文化、三少民族文化、中蒙俄边贸、乌兰牧骑、那达慕等各类具有区域特色的文化资源，以消费需求为导向，推出一批类似《千古马颂》的文化精品名作，培育一批叫得响、拿得出的特色文化品牌。呼包鄂等文化产业发展比较快的盟市，要充分发挥集聚效应与辐射作用，阿拉善盟、兴安盟等文化产业发展还比较薄弱的地区，要采取积极措施打通文化产业和文化事业之间的通道，注重与文化扶贫项目精准对接，培育一批竞争力强的市场主体，促进全区各盟市文化产业协调发展。

走进新时代

（3）依靠大数据产业，推动文化产业的转型升级。内蒙古大数据产业蓬勃兴起，已形成以呼和浩特为中心的大数据产业聚集区，这将是推动自治区文化产业发展的新契机。要积极推动互联网与文化产业的深度融合，打破地区、部门、行业界限，扩大关联度，形成向演出、传媒、会展、节庆、音像等行业全面扩展之势，提升互联网文化附加值。充分运用大数据在预测、定位、识别等方面的优势，缩短文化产业在生产与消费之间的距离，逐步形成一边生产一边研发的文化产业新模式。

（4）积极融入和服务“一带一路”建设，加快文化产业“走出去”步伐。“一带一路”建设为内蒙古自治区文化产业的发展带来了新机遇，同时，文化产业也是内蒙古自治区融入和服务“一带一路”建设的发力点。借助“一带一路”建设机遇，充分利用内蒙古内联八省、外接俄蒙，文化资源丰厚，“草原丝绸之路”历史悠久、辐射面广泛、影响深远等优势，推动文化企业“走出去”。鼓励各类企业通过新设、收购、合作等方式，在境外开展文化领域投资合作；加强与俄蒙等毗邻国家的交流合作，支持文化企业积极开拓俄蒙两国文化市场，培育打造具有国际影响力的文化品牌，进一步提升内蒙古在国家对外开放大局中的战略地位和国际影响力。

（5）不断完善文化人才引进培养机制。现阶段，文化产业已和高科技紧密关联，创新性人才成为引领文化产业发展的重要引擎。全国多个省区市都出台了人才引进政策，内蒙古作为边疆少数民族地区，要在人才引进过程中占据主动，就要制定更加优惠灵活的人才引进政策。下一步，要充分保障高层次文化人才的多样化需求，通过项目选人、企业育人、政策留人等多种方式，吸引和聚集一大批高层次文化人才。同时，要加大区内各高校、科研机构文化人才培养力度，建立全区范围内统一的高层次文化人才信息库，实现人才资源共享，推动文化产业创新发展。[1]

发展民族文化产业也将有效保护民族地区的生态环境与传统民族文化、维护民族团结和社会稳定。因此，民族文化产业必将成为民族地区新的经济增长点，带动民族地区经济社会全面、协调发展。

## 五、创建绿色社区

绿色社区是指具备了符合环境保护要求的设施，建立并长期保持社区环境管理体系和公众参与环境保护机制的社区。“绿色社区”这个概念最初是被一个环保 NGO 组

1　高晓焘．立足新起点开创新时代内蒙古文化产业新局面 [J]．实践，2018（8）：36-38.

织“地球村”引进中国的。到了 2001 年，“绿色社区”概念得到了政府的认可、支持和推广。国家环保总局号召全国 47 个重点城市开展创建绿色社区工程，“绿色社区”概念由此演变成为一项广泛性的国家工程，被政府运用政策方式广泛推广。

我国关于绿色社区的研究起步较晚，一直以来只是零散涉猎此课题，直到 20 世纪末，一些学者才开始对此问题进行探讨。例如，提出绿色社区的概念、内涵，阐述创建绿色社区的重要意义，提出绿色社区考核评价标准，以及创建绿色社区的具体内容。

国家环境保护总局在《2001—2005 年全国环境宣传教育工作纲要》中明确提出在全国创建绿色社区活动的要求，这为绿色社区的蓬勃展开奠定了基础；之后又出台了《全国绿色社区创建指南》（简称《指南》），该《指南》参照国际标准化组织制定的 ISO 14000 环境管理系列标准，对于绿色社区创建的组织领导、制订绿色社区创建计划、实施绿色社区创建计划、自我检查和评估等方面均有具体的规定，为我国创建绿色社区提供了依据。

绿色社区的含义就硬件而言包括绿色建筑、社区绿化、垃圾分类、污水处理、节水、节能和新能源等设施。绿色社区的软件建设包括由政府各有关部门、民间环保组织、居委会和物业公司组成的联席会；一系列持续性的环保活动；一定比例的绿色家庭等。创建绿色社区对于提高公民环境意识和文明素质，建立并完善公众获取环境保护信息、参与环境保护决策和行动、监督环境保护法律实施的机制，建设以人为本、健康优美的人居环境，构建和谐社会具有重要的现实意义和深远的历史意义。

具体来看，绿色社区的创建可以从软硬件两方面综合施治：

1. 夯实绿色社区建设的硬件基础

首先，要将生态学原理和可持续原理融入社区住宅的户型设计、建筑选材及整体布局中。一是把多样化的户型设计及整体布局风格，作为绿色社区构建过程中应始终坚持的原则，因为这符合生态学原理中的生态系统多样性特点，也有助于社区的稳定。二是在生态学原理和可持续原理指导下选择住宅建材，充分体现采光、通风、冷热、美化、绿化、稳定持续及其他相关生态工程原理所要求的科学建筑结构，赋予建筑以更持久、更多的生命活力。尤其是健康环保、低碳绿色的建筑和装修材料的选择和使用，可以实现人体健康追求、室内外生态环境保护、社区环境营造、自然资源环境节约等目标，是生态文明理念、可持续发展原则、生态学理念和绿色环保逻辑在建筑家居领域的充分展现。而这也会在无形之中慢慢培养和塑造社区居民的绿色环保意识和生态文明思维，从而起到协调配合、有效补充社区生态环境教育的作用。

其次，以绿色功能区划为指导逐步完善社区各项绿色基础设施建设。绿色社区建设涵盖社区经济、政治、文化及社会的方方面面，是一项系统工程，包含十分广泛的内容。因此，应依据绿色社区系统空间构成的功能区划，并综合考虑各构成要素的经济和社会效益，逐步完善各项绿色基础设施建设。一是有效区分并合理规划商业类和社会公益类绿色基础设施建设。合理规划布局超市、银行、理发店、旅馆等商贸金融设施，以及家政服务介绍所、医疗诊所、药店等社区服务设施和医疗保健设施，将“绿色环保、低碳循环、生态清洁”等绿色生活理念逐渐融入其日常经营与管理中去；做好绿带绿地、公园广场、活动中心、健身房等社区生态绿化设施及休闲运动设施的规划布局及日常维护等工作；对于生活废弃物和垃圾的处理、公用通信设备等市政公用配套设施，以及居委会、物业、保卫等社区管理配套设施，要做好现代绿色科学理念及技术因素的融入、普及和推广，依靠理念提升和科技投入拓宽其绿色管理与服务的水平和能力；对于社区内各类型学校、书店、图书馆、展览馆、文化馆等科教文化设施，要发挥其在绿色生活理念与方式领域的宣传教育、培训学习和引导影响等作用。总之，绿色社区系统设施构成都应有其特定绿色内涵，要严格按照相关绿色功能区划做好规划布局与建设。二是积极推进绿色社区的绿色公共服务中心系统建设。这是建设绿色社区的物理硬件设施基础。具体来看，要逐步提升新能源在绿色社区建设进程中的数量和占比；要积极支持与推广节能灯、节水龙头、绿地喷灌器、太阳能热水器等节能、节水、环保设备的选购及使用；社区的绿化和美化，要突破原有思维定式和既有方式传统的束缚，可以用屋顶绿化、侧墙绿化、建筑间“牵手”绿色等现代多元化立体化绿化方式进一步扩展社区绿化的范围与空间；社区的生活污水和废弃物处理，要更多运用低碳循环技术、可持续回收利用技术等手段予以解决，必要时可以研究并建立社区内部的绿色清运系统。所有这些都旨在逐步构建并完善绿色社区的绿色公共服务中心系统及其内容构成，尽可能实现社区有机系统的整体最优化演进和内部循环最大化发展。

2. 创设绿色社区建设的软件环境

在夯实绿色社区建设硬件基础的同时，也要积极创设绿色社区建设的软件环境和氛围，从而为社会主义生态文明建设理念的深化与提升培育丰厚的沃土。

首先，塑造和培育社区绿色共同体理念。一个社区不仅仅是地理空间区位上的多个家庭简单聚集，更有着政治、社会、文化乃至情感认同与归属层面的共同体意蕴。而随着社会主义生态文明建设的全面推进，社区又扩展了这种共同体的生态环境内涵。所以，绿色家庭及其共同体构成之上的绿色社区构建必须积极塑造和培育一种社区绿色共同体理念。而要实现这种社区绿色共同体理念的塑造和培育，有两方面的工作不得不做。一是以和谐化的邻里关系谋求社区绿色共同体理念共识。从“千金买屋，万金买邻”到“社区是我家，美化靠大家”，都揭示了共助、共建、共享的和谐邻里关系与氛围的重要性和必要性。社区绿色共同体理念共识的谋求首先建立在彼此尊重和信任、相互沟通与交流的和谐化邻里关系基础之上，并以此为纽带逐步实现理念共识的积聚与扩展。二是用情感认同、价值认同、组织认同等社区认同体系内容逐步强化社区绿色共同体理念。在网络信息社会下，传统的社区隔阂与闭塞正在被消融。而随着业主委员会这一现代民主自治组织形式的发展和壮大，以及网络信息社会催生的微信、微博、论坛等网络平台的蓬勃发展，社区在组织认同、情感认同、价值认同等区域认同体系方面的强度在显著提升。面对近来日益严峻的生态环境形势及其造就的严峻生存发展环境，这些方面的认同内容客观上更加有利于社区绿色共同体理念的接纳与强化。而要实现以上社区认同体系内容向社区绿色共同体理念的转化，必须在生态环保信息公开与共享、组织构建、相关议题设置及参与渠道安排等方面下功夫、做工作，进而最大限度地挖掘社区认同体系对社区绿色共同体理念的促进和强化作用。

其次，大力推进绿色社区绿色文化的建设。文化的作用重在影响、塑造、引导及培育，绿色社区的绿色文化建设也要遵循此道，并尽快形成绿色社区建设的良好风气和有利环境。一是进一步加大绿色社区科教文化基础设施的建设力度和完善程度。文化因素及其影响并不能通过空气自行传播，需要有一定文化设施、场所及载体的空间创设、环境氛围营造和物质呈现。所以，要在社区学校、图书馆、文化馆、展览馆、阅览室、社区网站等科教文化设施及场所充分发挥绿色文化的影响力、感染力和引导力，不断培育和塑造民众的绿色意识及绿色思维，并提升民众的绿色素养，引导大家为绿色社区建设贡献自己的绿色智慧和绿色力量。二是丰富和拓展社区绿色宣传教育的内容与形式。对传统文化中的生态伦理教育和生态智慧进行充分挖掘，逐步塑造和培育社区居民的生态伦理价值观和“人—自然—社会”的有机整体世界观。此外，要将现代社区绿色教育常规化和常态化。可以将社区绿色教育融入社区学校教学、社区各类文化活动创建和展示中去，对社区居民进行定期与不定期相结合的绿色知识培训，让他们在相关知识的学习、理解与掌握中自发提升其理念认知及实践参与的积极性和主动性。绿色社区、绿色文化这一软实力建设，会在无形之中构建起绿色社区建设的绿色化、生态化、科学化、现代化的环境氛围，是助推绿色社区建设的又一重要力量。

再次，不断完善和强化绿色社区的领导与管理。建设绿色社区，涉及方方面面的事项，需要统筹协调多种关系并统一解决诸多难题。必须对绿色社区的统一领导与综合管理进行不断完善与强化，从而保证绿色社区建设有条不紊推进。一是建立绿色社区建设的统一领导机构，其功能和定位是统筹协调、综合处理绿色社区建设进程中的相关事项。二是绿色社区的综合管理是一种多主体广泛参与的管理体系。社区所在行政区划的行政主管部门领导或普通人员、居委会负责人、业委会（有的地方成立家委会）负责人、物业公司负责人、普通民众代表及其他民间组织的负责人等都可以申请并进入这一管理机构中来，明确内部分工和职责，对绿色社区施行综合治理。三是积极培育绿色社区治理的辅助队伍。如培育绿色社区志愿者队伍、绿色社区特派督察员队伍、绿色社区跨社区交流员队伍建设等，他们在绿色社区建设中可以发挥重要作用。[1]

1 董杰．新时代我国绿色社区的建设与完善［J］．治理现代化研究，2018（1）：91-95.

## 第三节　生态文化制度层面建设

生态文化的制度建设是生态文化的重要保障，为了全面培育公民的生态观，为使生产和生活方式生态化，必须要求政府建立与其相适应的制度体系，实施相配套的保障措施。通过构建完善科学的生态制度体系，能够强有力地保障生态文化发展更加科学和健康。

### 一、行政组织制度建设

习近平同志曾指出：“只有实行最严格的制度、最严密的法治，才能为生态文明建设提供可靠保障。”扎实推进生态文化制度体系建设，是深入推进生态文化建设的重中之重，要着力破除制约生态文化制度体系建设的“拦路虎”，进一步发挥生态文化制度体系的保障作用。内蒙古这一边疆民族地区，自然条件及社会基础都很差，生态文化建设的难度很大，更迫切要求各级领导干部认识要到位、思路要清晰、工作要主动，坚持生态文化建设的正确方向，提高科学决策水平，履行好政府职责。

首先，健全领导机制。实践证明，凡是生态文化建设搞得好的地方，与领导的重视密不可分。反之，由于领导不重视，推动不力，生态文化建设前进的步伐就会受到影响。因此，内蒙古地区各级党委、政府、环保和文化行政部门应该组织专家学者制订生态文化发展战略规划，使生态文化建设规划与生态文明建设总体规划、国民经济社会发展规划相协调，使生态文化建设走上制度化、规范化轨道，保证生态文化建设的连续性、长期性，确保生态文化建设规划确定的目标任务不因人事的变动而改变。坚持用新的思想、新的观念、新的策略谋划生态文化建设的新路子。把生态文化建设作为事关内蒙古自治区实现生态文明的全局性工作，层层分解目标，落实责任，健全工作机制，加强领导。

其次，建立综合决策机制。政府的各项经济、管理、文化政策对公众的价值取向、

日常行为有着直接的影响。因此，要建立专门的生态文化发展规划机构来负责，充分发挥各级政府综合决策的作用。在制订规划、计划及重大经济行为的过程中，要以保障人与自然和谐发展为立足点，形成一种经济社会发展与生态保护相结合的机制，把生态保护的目标和经济发展目标结合起来，统筹考虑，综合决策，避免重经济建设、轻环境保护的不良文化倾向，必须考虑政策对当地生态资源的保护和经济的可持续发展所起的作用，正确处理好经济、社会与生态三者的平衡，从而保证各项重大决策既符合经济效率的原则，又符合生态建设的要求。

要建立群策群力的民主科学的决策机制，在经济利益与生态利益发生矛盾时，不能一味舍弃生态利益，应引入以公众参与为主的多元主体决策机制，推广听证会制度，从人民群众利益出发，考虑人民群众的利益。在涉及生态的政策中，要强调投入和产出，争取最低程度地对生态环境造成不利的影响。在执行和落实上级的环境政策时，既要坚持原则，讲究方式方法，又要灵活运用，体会政策，因地制宜，更要防止和避免地方环境保护主义。

最后，创新完善领导干部考核制度。领导干部的人事任用制度要坚决按照科学发展观的要求，改进领导干部政绩考核制度和评价标准，进而建立和完善领导干部的任用制度。要按照生态文化建设的精神实质，把资源消耗、环境损耗、生态效益纳入经济社会发展评价体系，建立体现生态文明要求的目标体系，把保护生态环境的绩效纳入领导干部考核指标之中。把生态文化建设作为领导干部乃至政府绩效考核的一项重要内容，建立具体的考核指标与制度规定，并采取行之有效的措施。实行对决策领导的问责制，推行关键负责岗位的环保评价“一票否决制”的干部评价和任免机制，反对单纯以 GDP 等经济指标进行干部考核，要综合考虑社会指标、生态指标、经济指标的考评，也要计入生态资源损耗的成本。这样不但在一定程度上消除了“政绩工程”“面子工程”给人民群众的利益带来的损害，防止为了达到经济任务盲目上马高能耗的资源密集型项目，对于生态环境的保护起到积极的作用。同时，这种综合性考量的考评制度还可引导各级领导干部多关注民生问题、社会问题、生态环境问题，培养正确的生态价值观和先进的经济发展观念，正确处理社会经济发展与生态资源保护的关系，通过对领导干部观念的提升，来保证生态文化建设真正落到实处，落到基层。同时，实施领导干部的环保考核制度，可以有效地制约地方政府、企业和民众的行为，让地方保护主义无处藏身。[1]

## 二、法律制度建设

法制法规是指包括立法、司法、执法在内的一整套与国家法律运行有关的规范体系和制度体系。法制法规本身体现出一定的文化价值取向，具有丰富的文化内涵，作为国家强制力的体现对于文化发展具有确认、引导和维护的作用。有关生态文化建设

1 李晓菊．论生态文化的制度建设[J]．闽江学院学报，2013（5）：34.

的国家法制，主要有文化法制和生态法制两个方面，二者以不同的方式和角度对生态文化建设发挥着不同的作用。文化法制建设主要是通过规范文化活动行为，维护文化市场秩序，优化文化管理体制来改善生态文化建设活动的运行环境和运行体制，从而促进生态文化建设。生态法制建设对生态文化建设具有内在的推动作用，主要是通过约束和规范涉及生态的社会行为，实现对生态文化的推动。因此，要建立和完善有利于生态文化发展的法制法规，必须从我国文化法制和生态法制两方面着手。健全与文化市场有关的法律法规体系，并且将生态教育的内容纳入相关法律法规之中，同时，通过对税法等配套法律法规的修订，为生态文化产业的发展提供优惠性措施；必须要加快制定循环经济法等重要环境法律，增强环境立法中经济手段的合理利用，增强行政执法人员和司法人员的生态专业知识和生态法律知识，形成一支作风过硬、专业精良、执法有力的高效执法队伍，确立公民的环境知情权，完善环境执法的监督机制。生态文化建设要顺利发展，就必须加强法律法规在调节人与自然之间的关系，完善有利于生态文化发展的法律法规，打击、遏制与社会主义先进文化发展要求不相适应的腐朽、落后的文化活动。

第一，注重内蒙古地区生态习惯法在环境立法中的贡献。在内蒙古这个少数民族聚集地区，生态环境法治建设不仅要依赖国家层面的环境法制，还必须关注另一个重要因素——民族生态习惯法在本地区生态环境法治建设中的合理价值。通常来讲，在国家法与习惯法互动模式的实践理性中，习惯法始终居于地位的补充性和作用的可能性的状态。有学者认为，习惯法显示的是特定区域的实践理性与秩序价值，表达的是法律的文化特征，而在具备上述条件时，习惯法将有可能对法治文明做出贡献。依照这一判断，从实践绩效来看，内蒙古以蒙古族为代表的少数民族生态习惯法具有为生态环境法治建设做出贡献的可能。蒙古族生态习惯法可以为这种生态保护理念的契合做出最好的注解。例如，蒙古民族法制体系大致由三个层次结构构成，基本层次是基于共同宗教信仰与价值观念的“习惯”——“约孙”（蒙古语，习惯），是大家自觉遵守的基本行为准则；第二层次是依托着国家社会强制力量的“习惯法”——“吉如姆”（蒙古语，规矩）；最高层次是国家向全国全社会颁布的成文“大法”——“大扎撒”。

至少在蒙古大帝国成立时，蒙古族的先人们就已经有了约定俗成的有关社会秩序与草原生态环境保护的完整的“习惯法”体系。成吉思汗建立蒙古大帝国以后，把这些“约孙”汇集并且提升为成文的《成吉思汗大法典》——《大扎撒》。《大扎撒》明确规定：“禁遗火而撂荒”“禁草生而镬地”“禁止水中溺尿”“禁洗濯、洗穿破的衣服”等保护生态环境的详细条款，违者将受到严厉惩罚，甚至满门抄斩。由此可见，内蒙古自治区少数民族在长期的生产、生活中已经形成了一系列保护当地生态环境的习惯法，对于那些国家法中缺乏的、又不与国家环境法基本精神、原则和制度冲突的部分，应尊重并发挥其积极作用，因为它们自身有能力约束人们对环境的行为，弥补国家法的空白，对当地环境的保护能起到重要作用。

七月的草原

第二，加大执法力度。内蒙古自治区已经制定了许多环境保护的法规，特别是进入20世纪90年代以来，内蒙古保护和建设生态的法制化步伐逐步加快，出台了大量地方法规和规章，有效地推动了自治区生态文明的建设步伐。在保护林地、草场、耕地资源，促进农牧业方面，陆续颁布出台了《内蒙古自治区草原管理条例》《内蒙古自治区耕地保养条例》《内蒙古自治区草畜平衡暂行规定》《内蒙古自治区林木种苗条例》《内蒙古自治区农业节水灌溉条例》《内蒙古自治区公益林管理办法》《内蒙古自治区退耕还林管理办法》等多部法规性文件；在保护矿产资源、水资源，促进工业发展方面，陆续颁布出台了《内蒙古自治区实施〈中华人民共和国节约能源法〉办法》《内蒙古自治区矿产资源管理条例》《内蒙古自治区地热资源管理条例》《内蒙古自治区境内西辽河流域水污染防治条例》等法规性文件；在保护人民生命、财产，促进人民改善生活条件方面，陆续颁布出台了《内蒙古自治区人口与计划生育条例》《内蒙古自治区实施〈中华人民共和国消费者权益保护法〉办法》《内蒙古自治区城市市容和环境卫生违法行为处罚规定》《内蒙古自治区产品质量监督管理条例》等法规性文件；在保护、建设自然环境和城市建设方面，出台了《内蒙古自治区自然保护区实施办法》《内蒙古自治区自然保护区实施办法》《内蒙古自治区湿地保护条例》《内蒙古自治区机动车排气污染防治办法》《内蒙古自治区珍稀林木保护条例》等法规性文件。除颁布大量的法规规章外，自治区党委、政府还制定了大量政策性文件，有效促进了环境保护、生态建设工作的开展。例如，1997 年内蒙古党委、政府下发的《关于加快沙区山区生态建设步伐的决定》（内党发〔1997〕27 号）、自治区政府办公厅下发的《关于严禁在牧区和林区开荒种地的通知》，1999 年自治区政府下发的《关于严禁乱开滥垦加强生态环境保护与建设的命令》（内政发〔1999〕1 号）、内蒙古自治区党委下发的《关于加强草原保护和建设的决定》（内党发〔1999〕5 号），2002 年内蒙古政府办公厅关于印发《内蒙古自治区退耕还林（草）工程管理办法（试行）》（内政办发〔2002〕12 号），2013 年内蒙古自治区政府印发了《内蒙古自治区构筑北方重要生态安全屏障规划纲要（2013—2020 年）》，2014 年内蒙古自治区政府制定了《内蒙古草原保护与建设规划纲要（2014—2020 年）》，2015 年自治区党委印发了《关于生态文明制度建设和改革的意见》等重要文件。同时，内蒙古自治区党委和政府还将生态保护与建设工作列入各盟市党政领导班子考核目标，2016 年出台了《领导干部自然资源资产离任审计试点实施方案》和《党政领导干部生态环境损害责任追究实施细则》等，建立了各级领导目标责任制度，层层签订责任状，确保生态保护和建设的任务、目标、责任得到落实。然而，目前内蒙古地区仍然存在滥挖、滥垦、滥捕、乱砍等浪费资源、破坏生态的行为；一些企业仍然是粗放型经营，对资源和环境的破坏程度很大，却不愿意承担治理生态环境的成本。为有效遏制这些情况的发生，确保相关法律法规的有效实施，还必须提高执法队伍的整体素质，提高执法监督效能，加强执法力度，坚决杜绝有法不依、执法不严、违法不究、执法效率低下等现象。

## 三、建立生态文化投入机制，加快生态补偿制度建设

内蒙古自治区是我国生态大省（区），但又是经济发展缓慢的省（区）。自治区生态文化建设任务极其繁重，而仅仅依靠自身的财政能力又无法完成这一历史重任。生态补偿制度是一项以保护生态环境，促进人与自然和谐为目的，旨在协调生态环境保护和建设相关各方之间利益关系的经济政策，是通过财政的支付转移等手段，在人类活动中对环境造成的负面影响进行功能性的恢复和补偿。

要建立一套切实可行的生态补偿制度，首先，要在法律上确定生态补偿的地位，将其合法化。要制定关于生态补偿具体措施的法律法规，从法律上明确生态补偿和各生态主体的义务，为生态补偿机制的规范化运作提供法律依据；同时，加强包括生态补偿法在内的生态环境保护相关规定的协调统一。在实践环节上，可以在部分做得比较好的地区、部门重点试行，然后利用实践经验逐步推广改进。其次，要以政府为主体，保障生态补偿的资金支持。生态环境是一种公共产品，环境质量的好坏直接关系到社会大众的利益，理应需要各级政府的宏观调控，更需要各级政府的财政资金作为物质保障。中央政府应建立和完善财政转移支付和横向财政转移支付制度，各级地方政府也应设立生态转移支付的专项基金，专款专用形成制度；同时，还应该建立以保护生态为目的的税收倾斜政策，调整和完善现有的相关税收政策，以刺激生态型生产模式的形成。再次，要建立以政府投入为主，社会各方参与的生态补偿融资体制。努力增加公共财政对生态补偿的投入，积极探索多渠道、多形式的生态补偿方式，拓宽生态补偿市场化、社会化运作的路子，多方并举，合力推进。可以尝试建立生态补偿基金，利用银行贷款和社会捐助，弥补国家财政不足的问题，加强对外合作交流，争取国际性资金和民间组织及个人的资金投入。最后，要建立多种形式的生态补偿方式，不能单纯地用货币补偿这一种方式进行，货币支付的方式应该主要用于生态维护中建设资金的注入和收入减少方面的补偿； 而对于保证相关地区发展问题上，不能盲目地进行货币补偿，要把补偿的重点放在公共设施的建立、发展公共教育以及医疗卫生事业、开展技能培训以加强民众素质、促进当地经济发展等方面。

长期以来，内蒙古自治区为我国及东北亚的生态安全做了大量的工作，实施了一

系列生态建设工程，付出了巨大的人力、财力、物力。因此，内蒙古自治区探索建立多元化的生态补偿机制，以草原、森林、耕地、河流、湿地、湖泊、地下水资源等为重点，推动国家建立体现自然价值和代际补偿的生态补偿制度。完善草原生态保护补助奖励机制，保持政策的连续性和稳定性。完善森林生态效益补偿制度，逐步建立森林生态效益补偿动态调整机制，扩大补偿覆盖面。支持各地开展耕地保护补偿，将全区基本农田纳入保护补偿范围。建立地区间横向生态保护补偿机制，建立生态受益地区与保护地区、河流上下游、重要水源地、重要水生态修复治理区跨区域生态补偿制度，争取纳入京津冀水源涵养区生态补偿试点，推动与东北三省建立嫩江、辽河流域生态补偿机制。按照"谁开发谁保护"和"谁受益谁补偿"的原则，提取矿山环境治理和生态恢复保证金，专项用于矿山地质环境治理和生态恢复，扩大生态补偿资金筹集能力。[1]只有尽快建立完善的生态补偿机制，自治区生态系统的生态价值才能真正顺眼利实现，才能体现环境公平与正义，才有望早日走上生产发展、生活富裕、生态良好的道路。也只有这样，内蒙古自治区才能走上绿色发展之路。

## 参考文献

[1] 国家林业局、中国生态文化发展纲要（2016—2020 年）［EB/OL］http：//www.forestry.gov.cn/.

[2] 中国共产党内蒙古自治区第十次代表大会报告［EB/OL］.2016-12-01. 内蒙古新闻网 .

[3] 内蒙古自治区党委　自治区人民政府 . 关于加快推进生态文明建设的实施意见 [R] . 内蒙古自治区人民政府办公厅，2015.

[4] 王金南，秦昌波 . 环境质量管理新模式：启程与挑战 [J]. 中国环境管理，2016（1）：9-14.

[5] 刘健等：论生态补偿对生态文化建设的促进作用 [J]. 中国软科学，2007（9）：57.

[6] 李佩环 . 论生态文化建设及其法制保障 [J]. 商业时代，2008（16）：45.

[7] 章鹏 . 经营者需要提高生态文化素养 [J]. 经营管理者，2008（6）：86-87.

1　内蒙古自治区党委，自治区人民政府 . 关于加快推进生态文明建设的实施意见 [R]. 内蒙古自治区人民政府办公厅，2015.

[8] 张新宇，等 . 生态文化建设的基本着力点 [J]. 环渤海经济瞭望，2008（9）：42.
[9] 李建梅 . 科学发展观中的生态文化建设 [J]. 山东农业管理干部学院学报，2006（1）：99.
[10] 邓乃平 . 北京生态文化建设理论与实践 [M]. 北京：中国林业出版社，2014：202.
[11] 刘亚萍，李银昌 . 生态文化新论 [M]. 北京：中国环境出版社，2016.
[12] 环境保护部，等 . 全国环境宣传教育工作纲要（2016—2020 年）[R]. 环保部办公厅，2016.
[13] 王亮，等 . 胡杨文化探讨 [J]. 内蒙古林业调查设计，2013（1）：128–129.
[14] 孟荣涛 . 内蒙古文化生态保护区建设研究 [J]. 实践，2016（6）：48–49.
[15] 内蒙古自治区政府 . 内蒙古自治区构筑北方重要生态安全屏障规划纲要（2013—2020 年）［EB/OL］. http：//www.nmglyt.gov.cn/xxgk/ghjh/jcgh/201508/t20150803_95411.html.
[16] 高晓燕 . 立足新起点开创新时代内蒙古文化产业新局面 [J]. 实践，2018（8）：36–38.
[17] 董杰 . 新时代我国绿色社区的建设与完善 [J]. 治理现代化研究，2018（1）：91–95.
[18] 李干杰 . 在 2018 年全国环境保护工作会议上的讲话［EB/OL］.http：//www.hebhb.gov.cn/syld/lgj/201802/t20180211_61402.html.
[19] 李晓菊 . 论生态文化的制度建设 [J]. 闽江学院学报，2013（5）：34.

巴丹吉林沙漠雪景

第七章

# 内蒙古生态文化建设典型案例

近些年来，内蒙古自治区在生态文化建设中，涌现了许多典型精品案例。这些案例中，不仅有新兴的利用社区资源开展生态文化教育的自然学校，也有独具特色的社区生态文化、生态旅游文化、大学校园文化、沙产业文化等。这里仅介绍部分较为突出的案例，从而为区域生态文化建设提供借鉴和参考。

## 第一节　社区生态文化建设的新路径——记包头南海子湿地自然学校

### 一、基本情况

为促进国内自然教育事业发展，发挥社区环境教育场所的示范作用，打造更多的公众环境教育新平台，环境保护部宣教中心于2014年启动了国家自然学校能力建设项目，推广自然学校建设的“三个一”模式，即“一间教室、一支环保志愿教师队伍和一套环保课程”，并于2016年组织开展了自然学校试点征集活动，包头南海子湿地积极申报，于2017年3月成功入选，成为内蒙古自治区第一所“自然学校”。

南海子湿地自然学校的创建是落实国家以及地方关于生态文明建设的有关方针、政策，发挥南海子湿地自然资源优势，通过设施、空间、环境的巧妙利用，提供高质量的自然环境解说及特色教学课程，引导公众开展有意义的户外学习。以自然教育、体验为主题定位，以学校为载体，以科普公益性为核心。坚持公益性、地方性、可持续性、体验性四大原则，提倡“在实践中体验，在体验中感悟，在感悟中自我发展”的理念。帮助公众建立与自然的连接，在自然中健康、快乐地体验，进而提高全民的环境意识和素养。

### 二、组织建设与计划目标

1. 建立组织机构、制定管理制度

为了保障自然学校项目建设工作的顺利实施，包头南海子湿地管理处制定下发了《包头市南海子湿地自然学校建设方案》，明确了南海子湿地自然学校成立目的、原则，建立了自然学校领导小组、校务委员会，落实了学校资金、设备、政策、人才等方面的保障措施。《包头市南海子湿地自然学校建设方案》要求各部门团结协作，合力支持，让自然学校发挥其应有的社会教育功能，顺利成长，走上一条可持续发展之路。

除此之外，管理处先后组织召开处长办公会议、自然学校领导小组会议及包头市南海子湿地自然学校研讨会，并印发《会议纪要》，对自然学校在创建过程中的问题及难点进行梳理解决，不断明确自然学校运行方式及发展方向。

2. 明确工作内容、确定发展目标

（1）自然学校的项目内容

一是引入“无痕湿地”“零废弃”理念，在鸟类博物馆周边或原垂钓池处建设农作基地——“共享农场”，建设适合青少年儿童进行户外教育与开展亲子游拓展活动的场所。

二是利用雁渡苇荡（生态监测点）处服务站建设观鸟屋，为游客和学员提供不干扰自然生态，又能较为清晰、全面观察到鸟类的场所。

三是增加捕鱼体验区，以捕鱼—做鱼—吃鱼为基础，浓缩渔文化体验。

四是在三角地带以安全教育为主题，建设（引入）相关项目。

五是利用鸟类博物馆处服务站建设自然创意品售卖点，为游客提供特色纪念品售卖服务。

六是整合现有房屋资源，拓展自然教室面积，扩大课程、活动人员承载量。

（2）课程设置计划

定向活动（公益）：世界湿地日、爱鸟周、环保日等主题纪念活动。

体验类课程（经营）：农作、观鸟、捕鱼等主题课程。

微活动（品牌）：读书会、观影会、市集、随手拍等活动，提升品牌品质。

拓展类（开发）：与包头市其他旅游景区结合，开辟自然 + 历史 + 人文的多元化课程区域。

## 三、优越的教学资源及条件

1. 独具特色的自然资源

内蒙古南海子湿地位于内蒙古包头市东河区南侧、黄河北岸段，该湿地为黄河变迁遗留下的故道，由历史时期黄河改道和凌期、汛期的规律性变化自然形成，基本属于原生演替的状态，是黄河沿岸生态系统的缩影，也是候鸟南北迁徙的重要驿站。

南海子湿地由内蒙古南海子湿地自然保护区和包头黄河国家湿地公园（东河片区）

组成，总面积 2 992 $hm^2$。其主要保护对象为湿地生态系统及其珍稀鸟类，有野生植物 52 科 136 属，共 207 种；陆生脊椎动物 255 种，其中两栖纲 4 种，爬行纲 8 种，哺乳纲 15 种，鸟纲 228 种。鸟类是该湿地最丰富的动物类群，也是主要保护对象，分为 16 目 46 科，其中国家Ⅰ级重点保护鸟类 5 种（遗鸥、黑鹳、大鸨、白尾海雕、金雕），国家Ⅱ级重点保护鸟类 31 种，包括大天鹅、疣鼻天鹅、白琵鹭、角䴙䴘等。

2. 深厚的人文历史

老包头素有“水旱码头”之称谓，其中水码头就是指南海子码头。道光三十年（公元 1850 年），黄河改道，原托克托城南河口镇被水淹没，从此南海子渡口成为黄河中上游的水运枢纽和皮毛集散地，老包头在西北地区的经济地位发生了重大变化，曾有“皮毛一动百业兴”的历史传说，老包头也因此被称为“水旱码头”。经济的繁荣使南海子渡口扬名天下。水运最繁华时曾有“千帆竞渡”“船筏林立”的景象。

2007 年重建南海子湿地时，先后聘请国内外知名规划专家，进行了规划。新建的南海子公园挖掘了包头市以及南海子公园深厚的文化底蕴，凸显黄河故道、文化发祥、鹿城、钢城、草原文化、多元文化的共生，体现人与自然共生的理念，传承包头文化脉络。

3. 良好的环境教育基础

近年来，南海子湿地每年举办 5 ~ 6 次大型的湿地科普活动，如湿地日、爱鸟周、科普日、环境保护日等，在社会上引起广泛的影响。先后被授予“全国野生动物保护科普教育基地”“2009 年全区野生动物保护宣教活动先进集体”“内蒙古自治区科普教育基地”，2015 年 6 月被认定为“全国科普教育基地”，2016 年 12 月被认定为“自治区级环境教育基地”。同时，拥有鸟类图片馆固定的湿地宣传场所，湿地内有大量现成的科普宣传牌等，现有的南海子自然资源以及服务措施为开展自然体验奠定了良好的基础。

4. 教学设施建设

（1）鸟类博物馆：该馆配置了声、光、电系统，安装了电子屏、电子翻书系统，将鸟类图片与自然融合，体现了动态发展理念，融科普、艺术、观赏为一体，深受学员喜欢。可借助展馆开展动植物标本临展等活动。

（2）生态教室：位于鸟类博物馆一层，于 2017 年 7 月完成布置建设，内部装饰以自然、童趣为基调，配备了木质矮桌等配套设施。

（3）动植物标本室：馆内陈列有 113 种植物，12 盒昆虫。用于认知教学。

（4）保护区在湿地景区内有较为完善的说明牌、解说牌、导览牌等；有固定的鸟类以及湿地知识方面的宣传长廊，设有固定宣传板；有关植物识别的标示牌，对常见乔、灌木做了目、科、属、种的说明，对游客进行植物的科学普及。在景区外围湿地保护区内竖立了湿地保护宣传标牌，对游客进行湿地常识的普及，号召人们保护湿地、热爱湿地。

南海子湿地自然学校配备了照相机、摄像机、笔记本电脑、投影仪等基础设备，并经常用于环境教育活动。

5. 师资队伍建设

（1）专业讲解队伍：通过进行讲解规范用语、仪容仪表等统一培训考核，配备讲解服及扩音设备等，形成一支由15人组成的专业讲解队伍。目前，正在开发制定涉及少儿、艺术、文化、旅游、科技、湿地保护成绩等多方面内容的不同版本的讲解词。提高讲解员等工作人员的科普意识和业务技能水平，拓展南海子湿地宣教方式和内容。

（2）编外宣传队伍：集结包头观鸟协会、包头鸟类摄影协会的大自然爱好者及有识之士组建志愿者队伍。

（3）考察学习：为深入学习和全面了解其他保护区在科普工作方面的先进经验和做法，更好地推动南海湿地自然学校工作发展，2016年10月先后派员，赴江苏省盐城国家级珍禽自然保护区、广州海珠湿地国家湿地公园进行考察学习。

（4）技能提升：2014年派遣一名人员参加未成年人生态道德教育“自然体验培训师”培训班学习，并顺利取得结业证书。2017年先后派遣8名业务骨干参加“全国自然教育骨干培训班”学习，全员通过培训并获得证书。一名人员通过美国康奈尔大学“城市环境教育”在线课程获得结业证书。

（5）业务学习：南海子湿地按照“学习制度化、内容个性化、形式多元化”的原则，实施了“4521”的培训工程，即每位职工每年至少读4本与本职工作相关的书，记学习笔记5 000字，参加2次业务考试，每位中层干部及助工以上专业技术人员写一篇调研报告或论文，每位职工提一条合理化建议。经常性举办“中心组”学习、“湿地大讲堂”等各类培训学习。

6. 课程资源开发

南海子湿地自然学校已编写出版了湿地科普书籍6册，包括南海湿地植物、遗鸥保护与研究、湿地南海、湿地鸟类、执法手册、生态文明制度汇编等，开发了“探索湿地植物奥秘”“湿地守护者”“绿野寻踪——野外观鸟”等系列课程资源，为自然学校的教学工作奠定了基础。

## 四、自然教育活动开展情况

1. 教学活动的时间、次数、人数

自然学校在各类环保纪念日，周六日、寒暑假开展教学活动。截至目前，共招募开展单期课程活动 6 次，开展自然体验营 10 余期。累计为 500 余名青少年儿童提供自然体验服务。

2. 以自然体验为主的教学活动形式

教学活动的形式主要以室内博物课堂 + 户外自然体验为主。主要以由观鸟、植物微观、气象、手作、职业体验等科学与实践技能模块组成，让孩子投入一天一个新鲜课的“科学派”中，互动学习，扩大思维认知，培养起他们对科学的兴趣，愿意主动去探索，不断提问。

目前，南海子湿地自然学校正在与包头市各中小学接洽，推广“自然教育进课堂”形式，通过主动走进课堂、带着自然走近孩子，讲授自然奥秘，吸引青少年走入自然。

## 案例分析

自然学校是利用社区丰富的教育资源，实现自然教育目标的重要学习场所。在自然学校，可以通过在自然里学习、关于自然的学习以及为了自然的学习体验，不仅让人们更好地关注自己生活的世界、关注社会，还能够使人们从根本上理解和反思自然保护和实践绿色生活价值。

随着世界环境教育的发展，世界上许多国家和地区都相继设置了环境学习中心、自然中心、环境教育中心、自然学校、户外环境教育中心、保育学校、生态中心、生态农场、田野学习中心等类似的自然教育机构，致力于推进有关环境与可持续发展教育工作。尽管世界各国及地区对于这类机构的称谓有所差异，但基本上都是利用自身所拥有的各具特色的场地及资源设施（如自然保护区、公园、湿地或溪流等公共场所），推动该机构的成员运用不同类型的环境教育方案，发挥保护、研究、教育、游憩、文化等多方面的功能。

相比欧美、日韩，以及中国台湾、香港地区，我国大陆地区的自然教育起步较晚。2014 年，为了切实落实生态文明战略和可持续发展教育理念的重要举措，打造更多的公众自然教育新平台，引导公众开展有意义的户外学习，环境保护部宣教中心启动了国家自然学校能力建设项目。包头南海子湿地管理处审时度势，抓住时机充分发挥自身所拥有的独特自然教育资源、良好的自然教育基础，通过对原有的教学设施改造、环境条件的巧妙利用，以及师资队伍的培养建设，在2017年3月成功入选，成为内蒙古自治区第一所国家级“自然学校”。南海子湿地自然学校的建立，拓展了环境教育的新领域，通过对社区资源已有设施、空间、环境的巧妙利用，提供高质量的环境解说及特色教学课程，引导公众开展有意义的户外学习，帮助公众建立与自然的连接，在自然中健康、快乐地体验，进而提高全民的环境意识和素养，从而全面助推区域生态文明建设。

通过对南海子湿地自然学校的实地调研及资料分析，可以看出，南海子湿地自然学校的硬件设施及教学条件已初具规模，并取得了非常可喜的工作成效，而且领导及工作人员的热情也很高。但是由于受办学理念、人员素质、课程开发、教学方法、经费设备等诸多因素的影响，在实际教学及管理工作中还存在着一定问题。为了进一步促进和提升内蒙古地区自然学校的办学质量，有效发挥好内蒙古第一所“自然学校”的示范带头作用，有必要在“自然学校”的建设过程中，抓好以下几个方面的工作：

**（一）成立机构、加强与多个部门的联系**

成立自然学校建设委员会是迈向自然学校的第一步，是自然学校建设过程的核心内容。委员会负责组织筹备并指导自然学校的活动，应由与自然学校相关的各方人员组成，包括自然保护区的管理人员和维护人员、中小学教师、环保志愿者、社区代表、环境教育或环境保护的专家，甚至可以包括地方政府代表。这是一个强调民主参与的过程，尽可能与当地环保、教育部门、共建单位、社区之间建立联系，将自然学校的建设发展融入本地区的可持续发展活动。

自然学校委员会应满足以下几个方面的要求：

- 尽可能由与自然学校相关的各方代表组成。
- 定期召开会议，以确保与自然学校项目的发展进程相一致。
- 每次会议做好会议纪要。

达旗中和西镇

● 将每次会议的要点和决议发布给全校人员。

**（二）建立一支高品质的人员团队**

自然学校成败的关键性因素，是这个学校是否拥有一个高品质的人员团队。自然学校的建设不是一个人所能建立的，而是需要一个团队长期不断的努力和坚持。所以自然学校建设必须要有核心成员，将国内外前期探索的经验和方法，不断总结凝练，并能够将相关经验传授给新加入的成员，使其能快速提高和融入团队，保持团队的可持续性。一个理想状态的自然学校应该有一位受过良好训练的教育管理人员、一名或者数名专职教师、一名秘书、一名负责总务及维护人员。自然学校的教师不仅具有环境教育的专业背景，最好还要有园艺、景观、设备维护、安全急救等多方面能力。对于一些由民间环保机构建立的自然学校，教师还要身兼管理、后勤等多重职责。

**（三）制定发展规划**

制定发展规划及课程方案，是自然学校生存发展的最基本条件。规划一所自然学校，首先要确定其目标定位和存在的意义、价值，以及自然学校能够提供什么样的课程和活动给学习对象。在规划一个自然学校的时候，工作任务繁杂，如何使规划有条理，分清工作重点，如何选址，如何规划硬件建设，如何开发潜力，如何确立目标，如何确定教学对象，如何构建课程体系，如何发展等等都需要规划团队仔细研究确定。

**（四）确定地址、完善设施**

一个具有环境教育功能的自然学校，需要坐落在一个生物资源多样且独特的区域，不一定拥有所有权，但最好拥有经营管理权，这样才便于开展多样化的教学活动。所在位置最好靠近火车站或公共汽车站，以减少交通上的花费。自然学校必须能够随时对外开放。如果为了节省经费，一些空闲的学校或者公共部门的闲置土地也可以利用，但一定要考虑其适宜性。

确定好地址以后，自然学校建设的一个很重要的步骤就是要按照发展规划，设置和完善教学设施，这些设施包括：房舍，如教室、展示、办公、图书、储藏等；环境教育设施；环境解说设施；生活设施，如休息、食宿等设施；环境设施，如洗手间、垃圾箱以及节能、节水等设施。

**（五）研制课程方案**

自然学校优质的课程方案，是吸引学习对象前来学习的重要因素，因此，课程方案对于自然学校的存在与发展至关重要。自然学校的课程方案需要整合有关专业人士精心地设计和研制，才能吸引社区居民、学校学生与社会公众积极参与，并借此机会促使学习者在环境态度、环境行为等方面有所转变。

一般来说，优质的自然学校课程方案，应该具有以下七个方面的特征：

● 重启发而非教导，强调互动而非单向的灌输，协助学习者获得亲身的体验等。

● 要能反映出对环境的关怀及当地的资源特色。

● 课程方案的目的在于协助学习者发展环境感知、学习环境知识、培养环境伦理、形成行动技能，甚至获得环境行动的经验。

● 应针对不同的学习者，经常性地提供多样的环境教育方案与学习活动。

● 能推出新的展示、课程及活动方案，吸引学习者经常、持续地接受学校的服务。

● 学习活动能弥补学校内环境教学的不足，并协助实现各学科课程的学习目标。

● 通过设计和安排，使课程方案及设施的使用者能在此体验与履行对环境友好及可持续发展的承诺。

**（六）经营管理、实施方案**

自然学校的持续性运转与发展，需要有非常有效的经营管理策略与实施行动。在此层面上，自然学校的管理者要不断提高自身的经营管理能力、广泛地发展与外界的交往，重点做好组织人员培训、监督管理、加强充实所需的资料和设备、寻求并接受财务支持、注重信息交流、建立自然学校档案等工作，为自然学校可持续发展提供基本保障，为学校内部的自我评估和外部的评估验收提供依据。只有完善的经营管理策略，一个自然学校才会顺利地运转，才能为学习者提供高质量的环境教育服务。

# 第二节 蒙树生态科技园旅游发展总体规划

蒙树生态科技园秉承“生态蒙树建设美丽中国”的使命，以“创建生态园林、倡导道德景观”为宗旨，打造了一个集科研、种植、休闲旅游、生态教育、健康体验于一体的绿色生态园区。景区是公司重要的生产基地、研发中心和面向广大旅游者、公司客户的生态教育和企业展示窗口。经过数年的整体建设和一年多的旅游产业运营，园区基础设施和旅游服务项目进一步丰富，旅游服务体系日臻完善。以下是蒙树生态科技园旅游发展总体规划。

## 一、规划总则

### （一）规划设计的指导思想

全面贯彻落实国家全域旅游发展思路、提升企业形象传播生态理念文化，立足自身生态资源优势，推进“旅游 +”背景下的绿色生态产业与文化主题整合发展，全面做好国家 AAA 级旅游景区创建工作。坚持“全面、协调、可持续”的发展理念，完善旅游景区基础设施，优化景区服务质量，努力把蒙树生态科技园建设成为“生态理念、基础设施、管理水平、服务体系”全面完善的世界性生态科教与文化特色旅游景区。

### （二）规划设计的依据（略）

### （三）规划期限与目标

1. 规划建设的期限

本规划期限为 2017—2026 年，共 10 年。根据旅游区发展情况，衔接国民经济与社会发展五年规划，将规划分为近、中、远三期，分期年限如下：近期（2017—2018 年），两年，重点建设开发期；中期（2019—2023 年），五年，全面提升完善期；远期（2024—2026 年），三年，品牌创建推广期。

2. 规划目标

（1）总体目标：以生态科技游览建设为基础，以“生态”为运营理念，以森林游憩、休闲观光、生态体验、生态科普、生态研学为内容，到2026年使蒙树生态科技园成为内蒙古同类型旅游区的典范，旅游业各项指标进入内蒙古景区前列。

（2）分期建设目标：

①初始阶段（2017—2018年）完成各功能区重点项目建设和基础设施的改造提升，使景区具有完备接待能力，达到国家AAA级标准；通过全方位市场营销提高知名度，以崭新的旅游形象吸引更多游客，游客增速开始加快。

②发展阶段（2019—2023年）以蒙树生态科技园自然生态环境为依托，发掘特色旅游资源及生态景观游览，设计多样化的研学课程，增加与游客的互动项目，达到国家AAAA级标准。将旅游形象深入人心，在区域范围内具有较高知名度和美誉度，客源规模高速增长。

③平稳阶段（2024—2026年）全面完成景区内的各项建设任务，旅游产品开发与旅游基础设施建设形成较为完善的体系，景区经营管理和服务达到国内先进水平。同时，为了保护景区资源环境，开始控制增长率，游客增速放缓。

**（四）规划范围和面积**

蒙树生态科技园规划涉及蒙树第三苗木基地，蒙树种植资源圃等区域，北至G59呼北高速路出口—金盛路路段，南至台格斗—白彦兔村交界处，东至金盛路，西至台格斗村东区，规划总面积为2 000亩。

**（五）规划的总体构想**

把蒙树生态科技园建设成为“内蒙古首家以树木科技生态主题的示范区”。

“内蒙古首家”：既是地理定位，优势特征定位。位于内蒙古盛乐经济园区，园区近年来生态建设突飞猛进，整体生态环境及生态氛围浓厚。蒙树生态科技园作为园区生态景区首屈一指，同时景区所依托蒙树企业资源雄厚。此外，自治区内目前仍无针对生态科技建设的成熟景区，因此，蒙树生态科技园凭借自身优势可充分将该主题发挥尽致。

“树木”：蒙树生态科技园，现已建设 2 000 亩林地，涵盖蒙树种植资源圃，呼唤森林公益林等区域，林地针对“三北”地区进行树种收集，目前已完成 260 种树种收集工作，同时各类树种自成一景，可满足游客视觉体验。此外景区内还展示了蒙树所研发新品种蒙树 1 号、蒙树 2 号、蒙树 3 号，丰富多样的树种可充分满足游客的旅游需求。

“科技”：蒙树生态科技园重点进行生态科技普及工作，景区内所建设建筑及其他苗木培育设备均为科技创新成果，因此游客在游览过程中可充分体验生态科技的力量。

“示范区”：明确了蒙树生态科技园的发展定位，即内蒙古首家以树木科技生态主题的示范区、内蒙古生态科技的新标杆、生态科技旅游热点景区和目的地。

## 二、分区规划

蒙树生态科技园按“一环贯通，立体游线，三区联动”来规划，具体分区规划见图 7-1。

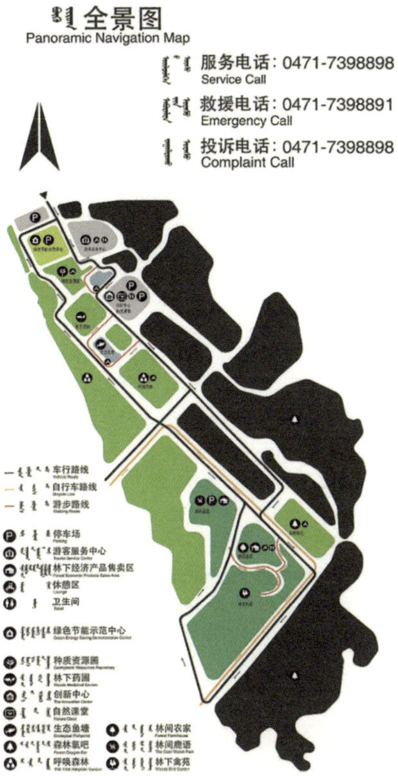


图 7-1　蒙树生态科技园分区规划图

**（一）一环：生态科技风景线**

蒙树生态科技园内部设置贯穿景区各项景点的环形路线，全长 6 000 m，为景区车行主通道。该风景线充分考虑机动车、电瓶车等车行功能，将生态景观和文化元素有机融合，穿点成线，同时匹配好停车场、观景台、标识系统等接待设施的配套，力争将景区通道打造成为别具特色的旅游吸引物。

**（二）立体游线**

1. 生态游步道

蒙树生态游步道，游步道整体运用海绵城市的透水材料，采用环保石子铺设，覆盖透水混凝土配方，具有绿色环保、无毒无害的功能。可贯穿景区各个景点，需用时 30 ~ 40 min，游客可根据自身需求进行参观。

2. 特色游步道

为了让市民摆脱城市喧嚣，深入绿色畅快呼吸，景区同时建设生态游步道，游客可在徒步过程中感受满眼绿荫、垂柳、野花野草、候鸟、水道，充满了健康气息，可充分感受各类游步道带来的视觉及身心享受。

3. 自行车健身道

景区建设自行车健身道，可形成多维度立体式参观方式，同时将匹配相应自行车设备设施，方便游客使用。

**（三）三区联动**

1. 生态科技办公区

作为生态科技景区，景区内建筑设计上充分考虑生态与科技的结合，形成绿色办公和生活的方式，景点包括蒙树总部办公楼、蒙树创新中心及游客服务中心。

2. 树语植物展示区

依托大青山生态机理和地质地貌，大力开发山地运动游乐项目，满足旅游者追求健康、趣味、快乐的需求。项目主要包括种质资源圃、林下药圃、生态鱼塘、森林氧吧等。

3. 林下动物互动区

林下动物互动区作为森林的疗养游憩之地，依托林木生态资源，开展森林游憩、

雪趣

度假、疗养、养老等活动，以人为本、以林为根、以康为要、以养为源。项目主要包括林间农家、林下禽苑、林间鹿语。

## 三、生态环境保护规划

### （一）旅游资源保护

蒙树生态科技园旅游资源丰富，自然与人文旅游资源独特，具有较强的资源综合性与独特性。蒙树生态科技园成了人工生态治理的有力见证，区域集合了大量优良的自然生态资源，同时结合公司丰富科教产业条件，为开展旅游活动奠定了良好的发展基础。景区内收集、保存 260 余个树种以及大量其他动植物资源，动物资源以梅花鹿与生态鸡为典型代表。根据《旅游规划通则》（GB/T 18972—2003）和旅游资源分类标准，蒙树生态科技园拥有所有 5 个主类的旅游资源，其中包含 14 个亚类的 33 个基本类型。景区环境条件优越，空气、水体、质量优良，整体环境较宁静，是良好的宜游宜养的主题类生态休闲景区。

蒙树生态科技园资源保护管理制度健全，自然景观、生态、生物、人文资源保护情况良好，相关设施设备完备。景区有专门人员负责对景区建筑，游览设施进行全方位地修缮与维护。设计时严格遵从主题契合原则，充分运用本地建筑材料，定期对景区旅游资源进行复查与检修。为保护景区生物资源、游览设施不受破坏，景区管理团队成立景区防火消防组，设立安全管理制度和防火应急预案。在游览高峰期、进行严格监管。

### （二）生态环境保护

蒙树生态科技园绿化面积较大，植被覆盖率高达 95%，属于二类区（农村地区），依托生态牧场、远离工业污染区，空气质量优良，符合《环境空气质量标准》（GB 3095—2012）的相关要求，空气质量优良，达到国家一级标准。

蒙树生态科技园全部位于呼和浩特所辖的和林格尔县的乡村地带。根据声环境功能区监测和噪声敏感建筑物监测标准，昼间噪声低于 50 dB，夜间噪声低于 40 dB，符合《声环境质量标准》（GB 3096—2008）。

蒙树生态科技园地表水（农业用水、娱乐用水）依据地表水水域环境功能和保护目标，属V类（农业用水区、一般景观要求水域）地表水功能区。符合《地表水环境质量标准》（GB 3838—2002）的相关要求。旅游旺季地表水质量优良，达到国家标准。蒙树生态科技园在公共区域保证正常使用的盥洗室、卫生间、饮水间的用水质量，自来水符合《生活饮用水卫生标准》（GB 5749—2006）的相关规定。生活污水、生产废水等达到《污水排入城镇下水道水质标准》（GB/T 31962—2015）的要求，不会对环境造成明显影响，地表水质量达到国标规定。

## 案例分析

生态旅游与生态文化有着必然的、深层次的联系。生态文化是一种价值观，是人改造自然的精神力量，它以可持续性、多样性为特点，运用系统、整体的价值观和方法认识、处理自然社会问题，其目的在于构建、维持“协调”，创造良好的自然、社会环境。生态文化将使人类进入生态文明时代。生态旅游是对生态文化的阐释与实践，从生态旅游发展历程和生态旅游主客体属性两个方面都渗透着生态文化的内涵。生态旅游就是在生态环境保护与可持续发展双重思潮中发展起来的，它摒弃了传统的以经济效益衡量旅游发展水平的观念，要求实现旅游的社会、经济、环境综合效益，是旅游行业对生态文化的积极探索。

内蒙古自治区拥有连绵起伏的崇山峻岭、广袤无垠的草原、水产丰美的河流湖泊、遮阴蔽日的森林、种类繁多的珍禽异兽、婀娜多姿的奇花异草和蕴藏丰富的矿产等生态旅游资源，具有开展生态旅游的良好自然基础和有利条件。因此，内蒙古自治区有必要在生态文化建设理念的指导下，合理规划，开发草原、沙漠、森林、湖泊、湿地、野生动植物、蒙元文化等独具特色的生态旅游项目，打造一批生态旅游重点品牌，提升其在国内外的知名度。

生态旅游是弘扬内蒙古自治区生态文化的重要阵地。通过开展生态旅游，即可以倡导社区参与、共建共享，显著提高当地居民的经济收益，越来越会得到社区居民的支持。同时，也将会使人们的生态保护意识明显提高，加深对“绿水青山就是金山银山”发展理念的理解和认识。

## 一、生态旅游的内涵与特点

### （一）生态旅游的内涵

生态旅游是以可持续发展为理念，以实现人与自然和谐为准则，以保护生态环境为前提，依托良好的自然生态环境和与之共生的人文生态，开展生态体验、生态认知、生态教育并获得身心愉悦的旅游方式。

生态旅游作为一种绿色消费方式，自世界自然保护联盟1983年首次提出后，迅速普及全球。20世纪90年代，随着我国实施可持续发展战略，生态旅游概念正式引入中国。经过20多年的发展，生态旅游已成为一种增进环保、崇尚绿色、倡导人与自然和谐共生的旅游方式，并初步形成了以自然保护区、风景名胜区、森林公园、地质公园及湿地公园、沙漠公园、水利风景区等为主要载体的生态旅游目的地体系，基本涵盖了山地、森林、草原、湿地、海洋、荒漠以及人文生态等7大类型。生态旅游产品日趋多样，深层次、体验式、有特色的产品更加受到青睐。

### （二）生态旅游的特点

生态旅游具有以下四个显著特点：

① 特色性：生态旅游的目的地是一些保护完整的自然和文化生态系统，参与者能够获得与众不同的经历，这种经历具有原始性、独特性的特点。因此，生态旅游一定要充分发挥旅游资源的潜力，把握其自然生态系统的特征，深刻体现其文化内涵，做出适销对路、特色鲜明的生态旅游产品，以满足旅游者环境教育、休养、疗养、保健等多种旅游需求。

② 生态性：生态旅游一定要严格按照生态学的规律进行规划，控制外界干扰程度，合理利用自然生态系统，适当补充人工生态系统，保持整个生态系统的稳定性和自我调节性，实现人与自然的和谐共处。因此生态旅游强调旅游规模的小型化，限定在承受能力范围之内，这样有利于游人的观光质量，又不会对旅游

造成大的破坏。

③ 参与性：生态旅游可以让旅游者亲自参与其中，在实际体验中领会生态旅游的奥秘，从而更加热爱自然，这也有利于自然与文化资源的保护。是在传统的观光游览的基础上，又多了一份启迪教育和学习探索，它强调在人与自然环境和谐共处中获得来自大自然的第一手情感体验，是一种高质量、高层次、高追求的旅游活动。

④ 责任性：生态旅游是一种负责任的旅游，这些责任包括对旅游资源的保护责任，对旅游的可持续发展的责任等。由于生态旅游自身的这些特征能满足旅游需求和旅游供给的需要，从而使生态旅游兴起成为可能。

## 二、内蒙古生态旅游的意义

### （一）有助于内蒙古生态环境的保护，具有强大的环境效益

内蒙古开发生态旅游可以产生强大的环境效益，实现旅游业发展与环境资源保护的良性循环。内蒙古位于祖国的北部边陲，是祖国最重要的生态屏障之一，同时内蒙古也是全国生态环境最脆弱的地区之一。良好的生态环境资源是内蒙古赖以生存和发展的基础，保护和利用好内蒙古的生态环境也是对全中国乃至东北亚的一大贡献，而开发生态旅游就是保护内蒙古生态环境的必要手段之一。开发生态旅游，不仅可以营造出良好的环境优美的生态旅游景点，而且可以不断强化和提高公众的生态意识，加强环境保护的自觉性。

### （二）有助于提高内蒙古的知名度，产生良好的社会效益

目前内蒙古在世界旅游业知名度还不够高。开发生态旅游、打造生态品牌、创立生态产品，不仅可以宣传内蒙古的生态旅游资源优势，而且可以提高内蒙古的知名度，确立其在世界旅游市场上的地位。此外，内蒙古发展生态旅游，可以促进旅游行为活动层次的不断提高，产生良好的社会效益。

### （三）有助于内蒙古新兴产业的发展，带来可观的经济效益

生态旅游已经成为21世纪国际旅游发展的主流。毫无疑问，内蒙古若能

充分利用自己的资源优势，抓住机遇，大力开发和发展能够满足旅游者需求的生态旅游，必然赢得大量的客源。内蒙古积极发展生态旅游业，不但能通过接待大量旅游者前来消费，给本地区带来可观的经济效益，而且通过旅游业的快速发展以带动第三产业与其他产业的发展，增加经济与就业机会，推动内蒙古地区的经济与社会发展，缓解内蒙古地区人口对自然环境的压力。

**（四）有助于内蒙古区域和谐发展，获得丰硕的文化教育效益**

生态旅游是满足人民群众日益增长的物质文化需求的重要途径，是吸纳劳动力就业的重要渠道，是社会主义新农村建设的有效载体，因此，生态旅游能够统筹兼顾经济效益和生态效益的提高，同时，也会使当地民众产生一种强烈的文化自豪感，并自主地提高自己的生态文明意识，更加积极参加保护与继承本土文化的活动，不断促进当地生态文化的创新，将内蒙古的旅游文化进行传承与发展。

## 三、内蒙古生态旅游的发展路径

**（一）树立正确的生态旅游思想，提高全民的环境保护意识**

内蒙古发展生态旅游首要解决的问题就是走出生态旅游的认识误区。真正意义上的生态旅游应以生态保护为前提，以环境教育和自然知识普及为核心内容，是一种求知求新的高层次旅游。发展生态旅游绝不能破坏景区内的自然环境和自然资源，因此，内蒙古地区发展旅游业一定要从自身的性质特点出发，发展开发和保护目标相一致的生态旅游。

要加强旅游相关人群特别是各级领导者的环境保护意识，提高他们保护生态环境的自觉性。法规得以落实的基础，环境保护得以实现的条件，是公众保护环境的自觉性。因此必须重视加强生态意识和保护生态环境的教育。切实增强全民的生态环境意识和法制观念，使强制性的法律与公众自律的道德规范结合。对伤害野生动植物、白色污染、毁林、毁花木、毁文化古迹、乱排污水和在生态景点乱搞人工设施等行为要加强教育和管理。

**（二）坚持实施政府主导的生态旅游发展战略**

由于经济和社会开放程度较低，内蒙古地区在很多方面不可避免地较东部地区更多地残留着计划经济时代的一些特征，市场经济的观念还未深入到每一个决策者的头脑里。一段时间内将不同程度地影响生态旅游开发工作的顺利进行。有一些人可能会在旅游业发展热潮的冲击下失去清醒和理智，也有些人可能因对旅游业的作用认识不足而错失发展良机；投资项目的性质不同有可能导致各市县各自为政，盲目开发。因此必须坚持政府主导型发展战略，依靠政府的宏观调控能力来引导生态旅游健康顺利地成长。政府主导并不等于政府经营或政府包办，旅游业的发展主要还是靠市场的形成和成熟，政府所要做的是制定各种法规和政策来引导和规范市场行为。

**（三）认真做好旅游规划，坚持开发与保护相结合的原则**

对生态旅游资源进行综合规划、合理开发，并制定有力的保护措施，使生态旅游资源的开发与生态环境的保护有机地结合起来。内蒙古地域广袤，交通相对不便，而它又是我国生态环境比较脆弱的地区，在这些地区积极开发生态旅游资源，大力发展旅游业，必须进行综合规划。结合全国和全区公路、铁路交通基础设施和航空支线的建设，重点规划和开发几个有代表性的生态景观，通过重点建设，在草原游、沙漠游、森林游等生态旅游方面，形成几个品牌景点，避免生态旅游一哄而起的混乱、无序的局面；也可以通过景点的基础设施建设和重点开发，为游客提供更安全和舒适的服务。此外，得天独厚的旅游景观的建设应该注意保护其自然原貌，避免人工设施破坏其文化与历史内涵。同时，也正因为内蒙古生态环境的脆弱，在对内蒙古地区的生态旅游资源进行开发和建设的过程中，应该特别重视生态环境的保护，将生态旅游资源的开发和生态环境的保护有机结合起来。根据生态景点的人口承载能力，进行规划、建设和开发，防止游客的涌入对自然环境可能带来的危害，防止新的土地退化与沙化。

**（四）加大旅游业人才培养力度**

开展生态旅游需要大量专业化人才，从规划、开发、建设到宣传、经营管理和导游都需要一大批高层次的人才。生态旅游的管理者需具备专业知识，并积极参与生态旅游的科研活动，完成从经验管理到专业管理的飞跃。生态旅游对导游人员的要求也很高，因为他们是把生态旅游产品推向旅游者的引导者，并承担着生态教育的责任。一个优秀的生态旅游导游员除要有专业知识（野生动植物、自然、历史、文化等方面知识）、野外生存能力、医疗急救知识等外，还要有良好的服务素质，引导游客保护自然，适时地对游客进行保护环境的教育；在组织游览线路时选择具备生态旅游条件的目的地，避开脆弱、敏感的生态区域；对游客提醒和进行相关引导，以提高游客对生态保护重要性的认识，并尽量以精彩的讲解向游客进行介绍。

因此，要在生态旅游发展中积极创造条件培养自己的生态旅游专业人才，不断完善旅游人才和从业人员教育、培训体系，借助区内外高等院校旅游专业的办学优势，加快高、中级旅游管理人才和实用人才的培养。还应通过培训或引进等方式，建立一批高素质的导游队伍，提高服务质量，提高导游讲解的知识品位，为内蒙古生态旅游树立良好形象，提高目的地的吸引力。

### （五）加强基础设施建设，改善交通条件

内蒙古自治区由于经济发展水平低、财力有限，应采用多种渠道吸纳资金、加大引资力度，加大旅游基础设施建设的投入。选择条件成熟的城市开辟为国际和国内航空口岸，把呼和浩特、海拉尔等一批已经成长起来的交通枢纽城市发展成为国际航空枢纽、完善旅游交通结构，使客源流向由单向运转变为环路运行，降低游客的旅游成本，增强旅游市场的竞争力。近期，大规模投入用于旅游交通设施建设不太现实，只能在政府投资建设交通设施的基础上进行延伸，随着社会经济发展水平的提高，分阶段适度规模发展。

总之，内蒙古拥有发展生态旅游的得天独厚的自然和文化优势，同时开发生态旅游对于改善内蒙古生态环境恶化的状况和推动内蒙古旅游业的可持续发展都具有十分重要的意义。因此，发展生态旅游已是大势所趋，是内蒙古生态文化发展的重要选择。

## 第三节 高校自行车循环利用的问题分析及解决措施
### ——以内蒙古师范大学为例

高校生态文明建设以培养大学生的生态环境意识、创建绿色校园为着眼点。近年来，随着高校校区规模的不断扩大，越来越多的大学生选择自行车作为代步工具。新生入学缺乏购置二手自行车的渠道，只能选择购买新车，而毕业生因自行车不便携带，且没有合适的销售渠道，将其弃置在校园内。如此循环往复，导致废旧自行车数量逐年增加，学校车棚承载量达到上限，加之高校疏于对自行车停放的管理，校园内随处可见废旧自行车，形成了许多“自行车坟场”，造成了资源的浪费和校园环境的不协调。本书基于内蒙古师范大学自行车使用现状，从节约资源、绿色出行的角度出发，提出高校校园内闲置自行车合理利用的对策。

### 一、推进高校废旧自行车循环利用的意义

高校生态文明建设理论在实践中不断发展、完善，是贯彻落实科学发展观的必要途径。推进高校生态文明建设是新时代的必然要求，高校作为传播生态文化的主阵地，通过发挥培育人才、科学研究等优势，对我国生态文化建设起着重要作用。

#### （一）加强高校生态文明建设的现实需要

加强高校生态文明建设是一项系统性的工程，“建设生态文明，文化应先行”。自行车文化作为生态文化的重要组成之一，是建设高校生态文明的重要渠道。高校生态文明建设以可持续发展为导向，循环利用废旧自行车是可持续发展的范例，可从多方面渗透绿色发展理念，将高校生态文明建设落实到校园实践中。对高校闲置自行车资源进行重新配置使用，以高校的人才优势和自然环境为依托，将可持续发展理念纳入高校生态文明建设中，对构建和谐发展的绿色校园有重要的现实意义。

### （二）打造绿色校园的必然选择

循环利用废旧自行车对于建设绿色校园、传播生态文化具有重要意义。高校校园景观文化是高校生态文明建设的组成部分之一，并贯穿于生态文化教育的始终。循环利用废旧自行车与当前我国建设绿色校园旨趣相一致，是传播生态文化的重要路径。自行车作为高校校园内主要的交通工具之一，对创建绿色生活环境有至关重要的作用。废旧自行车长期堆积在校园内，是校园垃圾的主要来源之一，为校园管理带来了诸多不便。循环利用废旧自行车，既可以节约资源，减少闲置自行车占地面积，又可以为学生提供方便，充分利用废旧自行车的剩余价值。

### （三）转变大学生生态行为的重要途径

作为新时代的青年，大学生逐步成为传播生态文化的新兴力量。“高校作为先进文化的发源地和辐射地，应充分发掘其生态文化的育人功能，培养大学生的生态价值观，提高大学生的生态文化素养。”然而，当前我国高校普遍存在大学生生态文明素养低、生态文化意识与生态行为相脱节等问题，在校园内乱停乱放自行车已成常态。大学生作为知识阶层，他们更容易接受新鲜事物，有着引领、影响社会的作用。将大学生生态文化教育纳入校园实践中，鼓励学生积极参加生态文明建设活动，如废旧自行车更新技能竞赛、绿色骑行、趣味自行车比赛等活动，使学生切身参与其中，让更多的人认识到生态文化的重要性，共同构造绿色低碳的高校文化氛围。

## 二、高校闲置自行车现状分析

目前，高校校园内自行车“坟场”现象已屡见不鲜。如图 7–2 所示，数百辆自行车堆放在校园内，造成资源浪费，严重影响校园环境美观。校方多次采取规范停车场的方式进行整治，然而收效甚微，内蒙古师范大学赛罕校区宿舍楼下、图书馆门前随意摆放的废旧自行车仍无人问津。本书通过对内蒙古师范大学赛罕校区进行实地考察，以在校本科生为研究对象，通过发放网络问卷，并进行匿名回收，共回收有效问卷 322 份，对内蒙古师范大学废旧自行车回收再利用现状进行调查。

图 7-2　内蒙古师范大学赛罕校区废旧自行车堆放现状

### （一）调查问卷的设计分析

本书基于环境保护部、中宣部、中央文明办、教育部、共青团中央、全国妇联等六部门联合编制的《全国环境宣传教育工作纲要（2016—2020 年）》文件精神的指导下，参照由中国城市科学研究会绿色建筑与节能专业委员会、同济大学、中国建筑科学研究院共同编制的《绿色校园评价标准》以及其他相关调查问卷，编制了关于高校自行车资源循环利用的调查问卷。

1. 调查问卷的设计

为了更好地了解目前高校废旧自行车循环利用中存在的问题，本书以内蒙古师范大学废旧自行车现状为研究基础，选取内蒙古师范大学部分本科生作为此次调查对象，通过回收调查问卷，对获得数据进行分析，正确认识目前高校废旧自行车循环利用中存在的问题，为做现状分析提供事实依据。

2. 信度检验

检验调查问卷的稳定性和可靠性一般以信度为标准，表示相同问卷对同一被试的测量结果的稳定性和一致性程度。评价问卷的重要指标即量表信度的高低。本书采用 SPSS 19.0（中文版）进行信度检验，在 SPSS 中对问卷数据进行分析，采用模型为 $\alpha$ 的系数分析。

由表 7-1 可以得出，$\alpha$ 均超过 0.7，表明量表的内部一致性比较理想，本量表的各题项之间稳定性程度较高，可信度较佳，可以较好地测量内蒙古师范大学自行车使用现状。

表 7-1 问卷信度分析

| 维度 | 项数 | $\alpha$ |
|---|---|---|
| 学生基本信息 | 3 | 0.862 |
| 学生生态意识 | 8 | 0.847 |
| 学生生态行为 | 9 | 0.765 |
| 总体 | 20 | 0.873 |

3. 效度检验

“效度表示一个测验研究的真实性和准确性程度，即测验本身能准确测出它所拟的目标程度。”本书对问卷施测的 20 个题目进行 Bartlett 检验（表 7-2），得出因素分析结果为 Bartlett 检验中，近似卡方为 2 057.687，df=107，Sig.=0.000，且 KMO=0.792，符合研究要求，可以做研究分析。

表 7-2 KMO 和 Bartlett 的检验

| KMO | 0.792 | |
|---|---|---|
| Bartlett 检验 | 近似卡方 | 2 057.687 |
| | df | 107 |
| | Sig. | 0.000 |

4. 样本构成分析

本书对随机选取的 322 名被调查者，其样本构成情况见表 7-3。就不同年级的调查来看，多数大一新生表示没有自行车，且对自行车的需求较大四学生而言相对较低。43.59% 的大一学生表示会购买新车，随着年级的增长，学生对新车的需求也随之下降。这说明学生群体之间对于自行车的认识存在差异性，通过不同年级间的比较，多数大三、大四的学生会选择性价比较高的二手车作为代步工具，而大一、大二的学生更加倾向于购买新车。

表 7-3　不同年级大学生样本统计概况

单位：%

| 问题 | 选项 | 大一 | 大二 | 大三 | 大四 |
| --- | --- | --- | --- | --- | --- |
| 您目前有没有自行车 | 有 | 12.82 | 12.82 | 21.67 | 32.84 |
| | 没有 | 87.18 | 87.18 | 78.33 | 67.16 |
| 您觉得自己目前是否需要自行车 | 是 | 34.19 | 35.90 | 46.67 | 47.76 |
| | 否 | 65.81 | 64.10 | 53.33 | 52.24 |
| 如果近期准备购车您准备买新车还是二手车 | 新车 | 43.59 | 32.05 | 20.00 | 25.37 |
| | 二手车 | 56.41 | 67.95 | 80.00 | 74.63 |

### （二）调查结果分析

本书基于实证研究的基础上对内蒙古师范大学废旧自行车循环利用中存在的问题进行分析。如图 7-2 所示，废旧自行车在校园内随处可见，无人问津，严重影响校园环境。为了进一步分析导致上述现象的原因，对以下情况进行调查：学生每周使用自行车的频率、学生对内蒙古师范大学目前实施的自行车管理制度满意程度、学生对当前校内二手自行车信息获取状况。

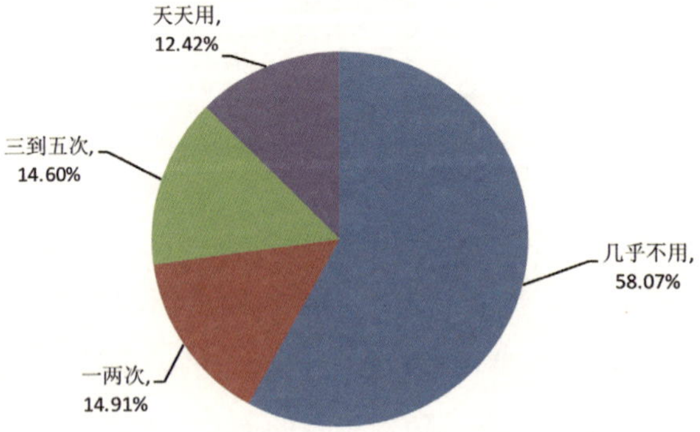


图 7-3　学生每周使用自行车的频率调查

由图 7-3 可以得出，58.07%的拥有自行车的学生表示每周几乎不使用自行车，对自行车的使用率较低。说明内蒙古师范大学的在校大学生较多存在跟风行为，没有考虑赛罕校区面积较小的实际而盲目购买自行车，致使闲置率过高。

由图 7–4 可以看出，多数大学生对内蒙古师范大学目前实施的自行车管理制度不满意，仅有 2.78%的学生表示非常满意，说明内蒙古师范大学目前实施的自行车管理制度不能满足大学生的行为习惯和心理需求。

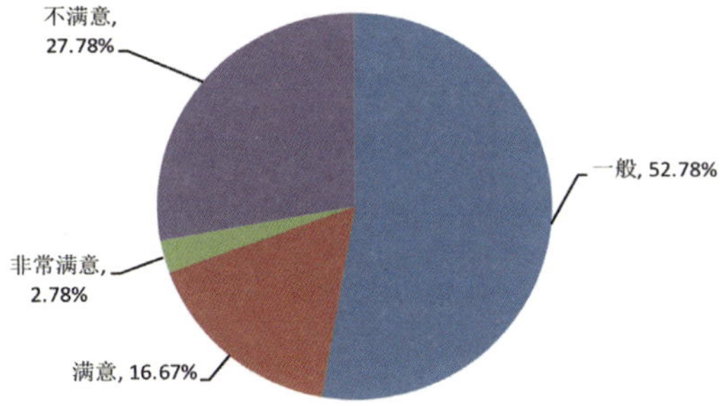


图 7–4　学生对内蒙古师范大学目前实施的自行车管理制度满意程度调查

如图 7–5 所示，49.69%的学生认为在校期间获取二手自行车交易信息不充分，导致大量二手自行车滞留在校园内，说明校方管理欠缺，未及时发布自行车交易信息。

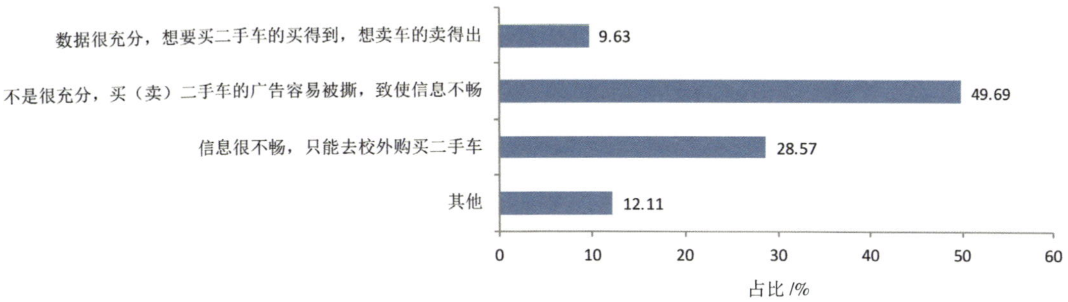


图 7–5　学生对当前校内二手自行车信息获取状况调查

## 三、高校闲置自行车回收利用问题分析

了解当前内蒙古师范大学废旧自行车循环利用中存在的问题，有助于我们提出高校废旧自行车循环利用的有效途径。为此，笔者设计此调查问卷的目的是了解内蒙古师范大学闲置自行车回收利用中存在的问题，从而进一步提出解决措施。基于调查结果的分析，发现以下问题：

**（一）校方自行车监管制度不完善**

通过上述分析发现，多数大学生对内蒙古师范大学目前实施的自行车管理制度表示不满意。废旧自行车常年堆积在校园内，为此，内蒙古师范大学保卫处曾于 2017 年 9 月 20 日发布清理废旧堆放自行车的通知。自行车管理从“无人问津”转变为“被动式”管理。然而在大学生毕业之际，又会产生一大批闲置自行车。显然这种被动式的管理不能适应学校的发展需求。而且这种管制措施又会造成车辆交易信息不畅，学生无法获取二手车交易信息，难以从根本上解决自行车闲置废弃等问题。废旧自行车随意停放在校园内，不切合实际的管理机制是导致这一现象的直接原因。另外，由于学校缺乏专门的自行车管理、维修人员，自行车丢失、报废等现象时有发生。

**（二）学生群体信息交流不畅**

高校学生每年流动量大，加之家庭收入的普遍提高，学生对自行车的需求量也在逐年增大。以内蒙古师范大学为例，据就业指导处统计 2016 年本专科毕业生共计 6 404 人，而 2017 级本专科新生人数共计 6 622 人。由于大一新生缺乏购买二手车的渠道，只能从校外购置新车。由于自行车体积相对较大，不方便携带，大多数毕业生选择将自行车遗留在校园内。学生群体之间信息交流不畅导致越来越多的闲置自行车产生。自行车交易平台的缺失，导致学生之间信息闭塞，购买自行车渠道单一，而毕业生的自行车却无处安置。另外，由于涉及自行车所有权的问题，校方后勤部门无法直接处理无主自行车。这样一来，废旧自行车数量逐年累加，堆积在校园内，与绿色校园生态景观建设格格不入，背离了高校绿色发展理念。

七彩绰尔河

### （三）大学生生态文明行为滞后

大学生作为自行车使用的主要群体，生态文化认知水平会在一定程度上影响自身的行为方式。从图 7–6 可得出，64.52%的大学生表示对废旧自行车的关注度较高，但没有采取实际行动去解决废旧自行车问题。面对校园内堆积如山的废旧自行车，多数大学生持反对态度。但在日常生活实际中，大部分学生为了自身的方便，随意停放自行车，毕业后选择将自行车遗弃在校园内，生态意识与生态行为严重脱节。

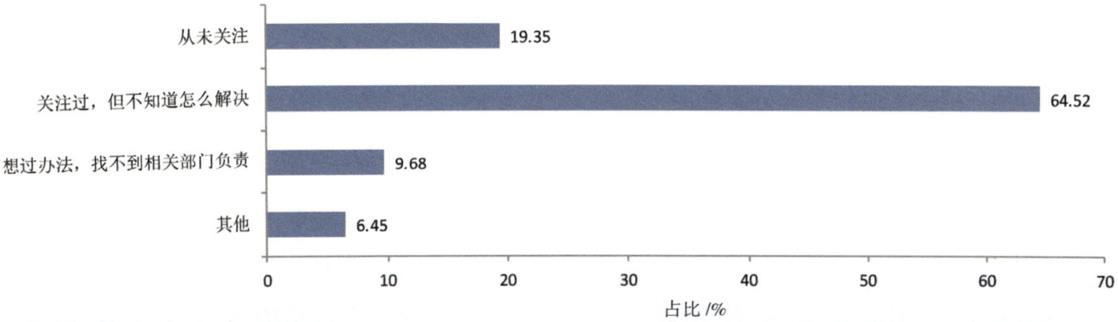


图 7–6　大学生对高校废旧自行车关注度调查

## 四、高校闲置自行车合理利用对策

高校闲置自行车问题由来已久，高校应把合理利用自行车资源纳入校园发展规划的范畴中。针对高校闲置自行车出现的上述问题，应秉承“绿色发展、文化传承、节能环保”的发展理念，从以下几方面入手，改善高校闲置自行车现状，为自行车的二次利用提供科学的依据和高效的指导。

### （一）完善自行车监管制度

完善自行车监管制度，对于建设绿色校园具有重要的实践意义。高校应按照“节能减排、低碳环保”的理念，扩建自行车车棚，兴建“绿色立体自行车车库”，重新规划自行车停放地点，安排专门的管理人员安置摆放自行车，使自行车融入校园规划当中，成为重要的校园景观。在进行统筹规划时，自行车棚、停放地点既要符合校园整体规划，也要方便学生出行，满足学生的心理需求。高校应树立管理服务意识，改变传统的单一管理模式，更新校园环境管理理念，以建成功能完备、设备齐全、布局整洁的自行车管理体系。

### （二）搭建自行车交易平台

在互联网时代，大学生对网络的依赖性较高。调查研究发现，布告栏信息更新速度快，学生缺少出售二手自行车的渠道。因此可以通过搭建自行车交易平台，利用微信公众号、微信群、微博等现代化技术手段发布相关交易信息，提高学生对二手自行车的关注度，同时提升自行车管理的科学性。长此以往，不仅可以实现二手自行车循环利用，而且可以提高废旧自行车的重复使用率，从根本上减少废旧自行车数量。如自行车尚可使用，且车主同意出售，可通过微信平台、校园论坛等发布交易信息。加大宣传力度，让更多的学生参与到自行车交易平台中来。利用自行车交易平台，加强学生之间的交流，做到信息共享，最大限度地避免资源浪费。

### （三）建立二手自行车租售系统

据调查显示，学生对校内建立二手自行车租售系统期待值很高，72.09% 的学生表示很期待（图 7–7）。将废旧自行车进行回收改装再利用，既可以节约资源，又可做到资源共享，提高废旧自行车的使用率。高校可回收校内废旧自行车，进行统一更新维护处理，如学生有意购买，即可出售。如自行车长期闲置且无人认领，学校可统一回收利用，进行翻新使用，采用租售的方式供教师和学生使用，做到资源节约，废物利用。

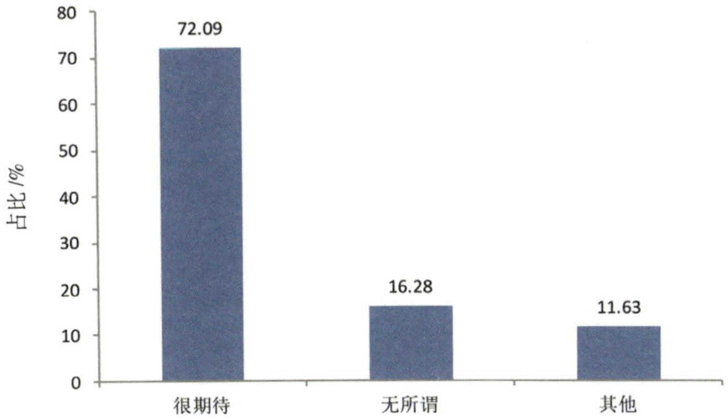


图 7-7　大学生对建立自行车租售系统的期待值调查

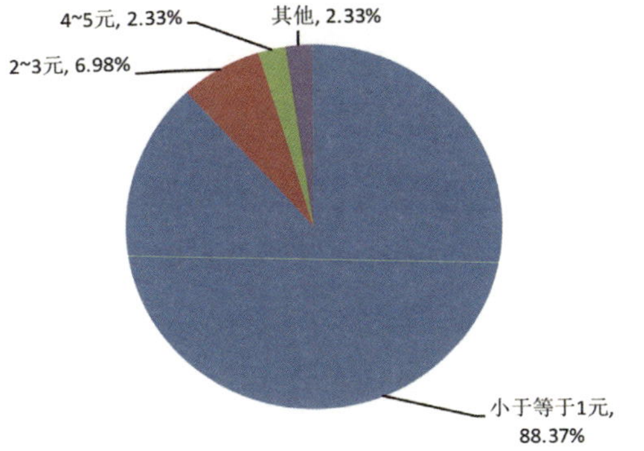


图 7-8　学生对自行车租赁价格调查（按 1 小时计）

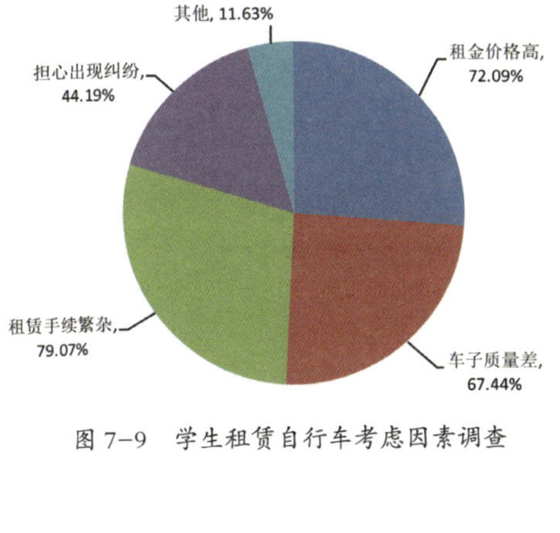


图 7-9　学生租赁自行车考虑因素调查

根据调查显示，88.37%的学生表示对自行车租赁价格可接受的程度是每小时小于或等于 1 元（图 7-8），多数大学生在租用公共用车所考虑的因素是租金价格和车辆质量（图 7-9）。因此，高校应从学生的角度出发，将学生的意见纳入自行车管理体系中，满足学生消费心理和行为的需求。

### （四）拓宽共享单车使用范围

当前，共享单车作为共享经济的新趋势之一，因其便捷、绿色、环保而深受大学生喜爱。“作为解决最后一千米的共享单车，其无桩式的设计，以及互联网和智能移动设备的运用，使得自行车的寻找、使用、停放实现了随用随取、随停随放，真正体现了自行车的便利性”。据调查，内蒙古师范大学作为共享单车投放点之一，已有大批学生在线注册使用。共享单车通过手机客户端即可完成用车流程，将“绿色出行”“互联网＋”有机结合在一起。拓宽共享单车使用范围，为学生的出行提供了方便，也可有效减少学生购买新车数量，对构建绿色校园具有现实意义。

### （五）倡导以步行为主的绿色出行方式

大学生是高校生态文明建设的主力军，是践行高校生态文明建设的先行者。基于可持续发展理念，大学生应转变出行、生活及消费方式，发挥模范带头作用，实现低碳生活。步行是大学生在学习生活中最常用的出行方式之一，也是平时健身、锻炼的一种方式。倡导大学生步行可减少对自行车的使用率，从而可有效减少高校内闲置自行车数量。步行作为大学生短途出行的首选，有助于增添校园公共环境的活力，改善高校校园内自行车乱停乱放现状。在校园内倡导低碳文明、绿色发展的出行理念，有助于提升大学生的生态文化认知水平并将之落实到实际行动中。

## 五、结语

本书以高校废旧自行车循环利用中存在的问题及对策为主线，全方位分析循环利用废旧自行车的重要性和必要性。高校校园景观是高校生态系统的主要组成部分之一，教师、学生、校园环境、课程安排、学术活动等都是这个系统的生态要素，每一要素都影响着高校生态文明建设。推进高校生态文明建设，是实现可持续发展的必然途径，也是构建和谐社会的现实需要。高校闲置自行车作为高校生态环境问题之一，应秉持绿色发展、循环利用的理念重新回收利用废旧自行车，既有经济利益，又兼顾社会效益。本书在实证研究的基础上探究高校废旧自行车循环利用中存在的问题，以点带面，期望通过废旧自行车循环利用这一举措促进高校生态文明建设这项伟大工程。

## 案例分析

生态文化作为生态文明的具体表现形式，是生态文明建设的重要内容。大学生是民族的希望和祖国的未来，是中国特色社会主义事业的建设者和接班人。他们是否具有生态价值观，不仅关系到个人的发展，更关系到社会、民族和国家的命运。高校作为先进文化的发源地和辐射地，其生态文化建设可以促进大学生将生态文化意识和生态文化自觉植根于社会的土壤，并发挥大学生特有的辐射功能，将“人与自然、人与人、人与社会和谐相处、协调发展”的理念之风吹进社会的大环境，推动我国社会生态文明建设的发展，这是我国高校生态文化建设所面临的一项重要任务。

当前我国的社会主义现代化建设和特色社会主义事业处于进一步推进的关键时期，社会风貌却呈现出浮躁不安、精神动力不足的现状。高校生态文化建设可以转变大学生的功利主义、物本主义、拜金主义等错误倾向，促进大学生生态价值观的形成和生态文明行为的养成，帮助大学生形成生态文化认知的内在驱动力并践行于各种实践活动的过程中，改善大学生整体的精神状态和精神风貌并将之凝聚成催人振奋的精神动力，推动我国社会主义现代化建设和特色社会主义事业的蓬勃发展。同时，在国际化竞争日趋激烈的今天，大学生作为实现我国中华民族伟大复兴中国梦的主要筑梦人，高校生态文化建设的顺利开展和进行可以把大学生培养成为新时代社会和国家需要的高素质、高能力、高层次人才。从而推进我们中华民族伟大复兴的美好蓝图和历史使命早日实现。

### 一、高校生态文化建设的必要性

#### （一）提升生态文化素养的重要途径

高校生态文化建设是提升大学生生态文化素养的重要途径。大学生是高校生态文化的创造者和传承者，也是高校生态文化建设进程的参与者和见证者，他们作为国家及社会所需的高素质建设型人才的重要群体和中心力量，其生态文化素养的高低影响着国家的整体实力和竞争力。学者佘正荣在《生态文化教养：创建生态文明所必需的国民素质》中指出："我们应该以培育具有建设生态文明能力、具有生态文化教养的人的教育理念，来建立和不断完善独具特色的生态文化教育体系。"联合国环境规划署在1997年发表的《关于环境伦理的汉城宣言》指出：我们必须认识到现在的全球环境危机，是由我们的贪婪、过度的利己主义以及认为科学技术可以解决一切的盲目自满造成的[1]。价值观念及环境行为的偏差导致了如今生态环境的恶化。由此可见，生态问题的实质是生态道德、生态价值观的问题，是人类对自己生活方式选择的问题。因此，高等院校必须承担培养学生生态文化意识、提升生态文化素养的重任，为我们国家生态文明建设提供后备保障人才。

**（二）建设生态校园环境的内在需要**

当前高等院校诸如食堂浪费严重、随意践踏草坪、攀比消费等一些有悖于生态文明建设的现象层出不穷，在这样的背景下生态文化教育理应成为唤醒学生生态文化意识、解决不文明现象的手段与途径。高等院校的教育具有龙头、示范、导向和辐射的作用，因此高等院校更应该积极开展生态文化教育，引领学生形成正确的消费观，建立和谐、民主的校园生态文化管理制度，完善校园景观建设，打造优美的校园文化环境，使生态文化教育渗透在校园的每一处角落，处处体现人与自然和谐相处的价值导向。人与自然和谐相处、人际和谐、学术氛围浓厚、学生素质高升才是生态校园的标志，是培养生态文化师资、建设生态文明社会的重要保障。

**（三）社会生态文明建设的必然要求**

高校生态文化建设是社会生态文明建设的内在要求。自党的十七大提出建设生态文明的战略构想后，党的十八大强调要大力推进生态文明建设，党的十九大进一步指出："我们要牢固树立社会主义生态文明观，推动形成人与自然和谐发展现代化建设新格局。"在生态文明成为人类文明发展新范式的时代背景下，生

1 王南林．可持续发展战略和环境伦理学产生过程的共同性研究 [J]．中国人口·资源与环境，2002（5）：17-19.

态文化成为新时期大学校园文化建设的主导文化。生态文化是生态文明建设的核心和灵魂。社会生态文明建设的开展和进行离不开高校生态文化建设的强大助推力作为坚实后盾，没有了高校生态文化建设提供智力支持的社会生态文明建设，就会像釜底游鱼一般面临窘迫的困境。高校必须高度重视生态文化建设，从多方面、多层次、多角度出发，深入切合当代大学生的现实诉求，有针对性地开展生态文化建设并将其落到实处。高校应努力提高大学生的生态文化认知水平，促进大学生生态价值观念和良好行为规范的养成，调动大学生参与高校生态文化建设的积极性和主动性。同时，社会在开展生态文明建设的过程中应重视生态文化的宣教工作，不断健全生态文化宣教制度，形成大学生、高校、社会三位一体的合心力来推动高校生态文化建设和的顺利进行。

## 二、高校生态文化建设的实现路径

### （一）健全生态文化教育组织管理体系

2017年，国务院颁发的《国家教育事业发展“十三五”规划》指出：要全面落实立德树人的根本任务，不断增强学生的生态文明素养以及文化素养[1]。这一规划同时鼓励学校开发与生态文明相关的课程，广泛传播生态文化法律法规及科学知识，促进节约型校园及绿色校园的建设，这对生态文化教育工作的开展具有里程碑的意义。高等院校要敢于担任生态文化教育的主角，发挥自身优势，找准学校的办学定位，完善组织管理制度，制定相应的生态文化运行保障制度、质量评估制度，注重内涵发展，形成更科学、规范、系统、可行的生态文化教育管理制度，确保高等院校生态文化教育得以有序开展。

首先，学校领导要提高对生态文化教育的重视程度，设立专门的生态文化教育管理机构，把生态文化教育纳入现有教育教学大纲中，适时制定《大学生生态文化教育大纲》和《大学生生态文化教育实施指南》，以制度的形式把生态文化

1　国务院．国家教育事业发展“十三五”规划 [R]. 2017.

类课程作为高校非生态类专业学生的公共必修或选修课，以便更加明确教育对象未来的发展方向和预期的发展结果。具体来看，学校要制定相对完善的生态文化教育总体培养目标，教师制定具体的、具有可操作性的生态文化教学目标，来支配教育工作的全过程。其次，学校要出台相关的生态文化校园管理制度，以营造良好的校园环境。制定校园限塑制度，对超市、食堂的塑料袋收取高于塑料袋本身价值的价格，从而减少学生对一次性塑料袋的使用频率；制定禁止外卖进校园制度，杜绝一切外卖电动车进入校园，为学生营造安全的校园环境；制定毕业生旧自行车循环利用制度，提高自行车的利用率；制定快递包装管理制度，设统一收纳快递包装的地方，减少校园污染；同时还可以建立校园垃圾兑换超市，学生可以用日常收集的塑料瓶等换取纸、笔等学习用品。

### （二）完善生态文化教育认知价值体系

2015年通过的《中共中央关于制定国民经济和社会发展第十三个五年规划的建议》中提出：要加强资源环境国情和生态价值观教育，培养公民环境意识，推动全社会形成绿色自觉消费。[1]价值观是行动的先导，是行动的必要前提，因此确保生态文化教育的有效开展，思想观念的转变是关键。师范生只有充分认识到人、自然、社会是一个整体，对生态文化形成正确的认知才能有正确的生态文化行为，将来更好地在讲台上传道授业解惑。师范院校要充分利用教育主渠道、专门网站、多种媒介及“微”力量，创设生态文化教育的良好氛围，提升师生的生态文化意识。

（1）教育主渠道

高等院校是培养生态文化人才的主阵地，应充分发挥课堂教学的主渠道作用，将生态文化教育融入课堂教学中，丰富教学内容，增强生态文化主流价值观教育，让“以艰苦朴素为荣，以骄奢淫逸为耻”的社会主义荣辱观引导学生形成良好的生态文化意识，帮助学生形成正确的生态文化价值观，正确看待人、自然及社会之间的关系。

---

1 中共中央．关于制定国民经济和社会发展第十三个五年规划的建议［R］. 2015.

（2）专门网站

信息化社会使我们的生活与网络密不可分，人们可以根据自己的实际需求，打破时间和空间的限制，随时随地通过网络平台搜索自己所需要的知识。因此师范院校的校园网上也应创设生态文化教育专栏，开展“生态文化新闻、生态文化法律法规、生态文化知识”等板块，构建集信息发布、网络课堂于一体的生态文化教育载体，形成生态文化教育的网络阵地，为学校师生广泛交流和学习生态文化知识搭建良好的平台，更好地提升生态文化意识。

（3）多种媒介

学校要充分利用多种媒体广泛、深入、持久地开展生态文化宣传活动，定期举办生态文化方面的专题讲座、辩论赛、征文等，充分利用广播、橱窗栏等介绍国家近期生态文明的方针政策，利用操场的屏幕，晚间播放绿色环保电影，如《世界末日》《阿凡达》《大气层消失》《侏罗纪公园》《未来水世界》等，形成良好的生态文化宣传氛围，从而用新的生态文化伦理观来引导、约束、规范师范生的日常行为，提高师范生的生态文化意识，养成生态文化行为自觉。

（4）“微”力量

国内大数据服务商QuesMobile（贵士移动）发布的《2016春季APP实力榜》显示，国内移动互联网活跃用户数突破9.27亿，微信每月活跃用户5.49亿，用户覆盖200多个国家，超过20种语言[1]，新媒体开始进入微时代。因此师范院校应该充分利用“微”时代，营造“微”环境，打造“微”队伍，开启“微”课堂，增强“微”力量（微信、微博、QQ群、校园论坛），举办以生态文化教育为主题的视频、摄影比赛等，用更加通俗易懂、轻松活泼的形式传递人与自然和谐发展的理念及生活方式。

### （三）营造生态文化教育校园环境体系，发挥生态文化教育示范功能

提高大学生生态文化素质，仅靠开设环境类课程是远远不够的。作为生态文

1　杨婧．媒体“微”时代的无限可能［J］．环境教育，2016（8）：33-35.

化建设的倡导者，大学绿色校园的建设对整个社会的示范意义极为重大。大学应该将生态文化教育渗透到校园环境建设之中，使“绿色校园”发挥教育和示范的双重作用。优美的大学校园环境、和谐良好的教育氛围，会对大学生产生潜移默化的效果，使学生受到美的感染和陶冶，培育生态文化精神，强化生态文化意识。同时，“绿色校园”还应是一个可持续发展的社区，一个推广节能技术和循环利用技术应用的示范区，对周边社区的生态文化建设具有相当强的辐射度和示范影响力。在绿色大学创建之初，学校对于绿色大学的认识只是局限于校园的绿化、美化，建设优美的校园环境上。随着创建工作的不断深化，我们逐步认识到，建设优美的校园环境固然必不可少，但是绝不能仅仅局限于此，还需要将可持续发展的理念贯彻到校园的建设之中，更好地体现示范榜样作用。因此，学校在绿色校园建设中，充分开发利用风能、太阳能等可再生利用的新能源，实施生态湖建设工程、中水回用工程、风光发电路灯工程、生态园建设等，能达到了既改善校园环境，又发挥生态文明教育示范的双重功效。

## 第四节　库布齐沙漠生态治理纪实

位于黄河“几”字弯之南的库布齐沙漠，横亘于鄂尔多斯高原北部，是我国第七大沙漠，曾经是“如烟黄沙遮蔽日，生机绿木断绝地”。几十年来，在党和政府的领导下，在当地群众和企业的共同努力下，库布齐沙漠实现了历史巨变，被联合国环境规划署确立为全球沙漠生态经济示范区。

生态兴则文明兴，生态衰则文明衰。生态文明建设是关系中华民族永续发展的根本大计，库布齐书写的绿色传奇，为中国生态文明建设树起了一面旗，也为世界荒漠化治理蹚出了一条路。

## 一、“坚持人与自然和谐共生”的经典样本

库布齐曾经森林茂密、水草丰美。鄂尔多斯历史上三次大的开荒，秦汉时期移民开垦，盛唐时期民垦和屯垦，清代中叶伐林垦草、掠夺式农垦，历史的欠账一代代累积，使生存环境进一步恶化，形成了开荒—沙化—贫困，越贫困越开荒越沙化，越沙化又越贫困这样一种恶性循环。20世纪50年代至70年代，鄂尔多斯地区又出现滥垦、滥牧、“剥荒皮”现象，生态环境付出了沉重的代价。

鄂尔多斯人以史为鉴，没有放弃这片沙漠，经过30年的植树造林，如今库布齐沙漠1.86万$km^2$的土地，有6 000多$km^2$得到治理，绿化面积达3 200多$km^2$。年降雨量由不足100 mm增至400多mm，沙尘天气由1988年的50次减少到2016年的1次，生物种类由十几种增至530多种。库布齐成为世界上唯一被整体治理的沙漠，生态资源逐步增长，区域生态明显改善，沙区经济不断发展，成为祖国北疆亮丽风景线上的璀璨明珠。

库布齐从“沙进人退无躲藏”到“人沙对峙互不让”，到“人进沙退变模样”，再到“不以绿色画句号，产业链上做文章”，打造了生态生计统筹、治沙致富双赢、绿起来富起来结合的可持续发展新路径，实现了人与自然和谐共生。库布齐这一优质生态产品满足了沙区人民日益增长的优美生态环境需要。

2017年9月11日，习近平主席为《联合国防治荒漠化公约》第十三次缔约方大会发去的贺信指出，这次大会必将对维护全球生态安全产生重大而积极的影响。

今天的库布齐为全球防治荒漠化提供了宝贵的中国经验和中国智慧，更提供了库布齐人30年治沙百折不挠的奋斗精神，传递了库布齐人与自然和谐发展的生态文明建设理念。库布齐成功创建了被联合国官方认可、写入联合国决议的沙漠治理库布齐模式。库布齐模式的核心内涵是政府政策性支持、企业产业化投资、农牧民市场化参与和技术持续化创新，治沙、生态、产业、民生四轮驱动，平衡发展。这种模式是新型环境治理体系的先行探索，与党的十九大报告中的“构建政府为主导、企业为主体、社会组织和公众共同参与的环境治理体系”高度契合，也同经济与社会普遍发展规律高度契合。

## 二、“绿水青山就是金山银山”的生动诠释

风沙变风景，黄沙是黄金。库布齐治沙之所以成功，在于它践行了一种理念，即增绿又增收，治沙又治穷。

“向沙要绿、向绿要地、向天要水、向光要电”。目前在库布齐沙漠参与治沙和沙产业开发的企业数量达 80 多家，创造出“生态修复、生态牧业、生态健康、生态旅游、生态光伏、生态工业”的“六位一体”生态产业体系，建成达拉特循环经济工业园、库布齐生态工业园、生态光伏基地、200 万亩甘草等中草药基地、库布齐国家沙漠公园旅游基地等多个产业基地，被联合国确立为“全球沙漠生态经济示范区”。

鄂尔多斯市鼓励农牧民参与生态文明建设，通过利益保障机制，切实确保让种树的人富起来，充分调动农牧民积极性。坚持将“绿起来”和“富起来”相结合，让生态文明建设成为富民政策和利民措施，让广大群众从多方面受益，充分分享沙漠生态

改善和绿色经济发展成果，获得生态文明建设和民生改善的“双实效”。

鄂尔多斯市支持当地企业通过打造沙漠循环生态产业链，让当地百姓拥有了沙地业主、产业股东、旅游小老板、民工联队长、产业工人、生态工人、新式农牧民 7 种新身份，每一种新身份都能带来不菲的收入，是他们通往致富路上的重要法宝。尝到甜头的老百姓是库布齐治沙事业最广泛的参与者，是最坚定的支持者和最大的受益者，他们让库布齐治沙事业拥有可持续的发展动力。

“绿起来”也“富起来”，通过坚持不懈的努力，库布齐沙漠治理带动了产业发展、改善了农牧民生产生活条件、促进了脱贫致富，沙漠的负资产变成了地区经济发展的绿色资产，大漠黄沙转变为绿水青山、再将绿水青山转化为金山银山，更多农牧民共享到了沙漠生态改善和绿色经济发展成果。库布齐治沙，生动诠释了“绿水青山就是金山银山”的理念。

绿洒包子塔

## 三、生态文明建设让百姓共享绿色福祉

补齐生态短板，生态修复为脱贫工作奠定了基础。2018 年 7 月，随着杭锦旗退出内蒙古自治区贫困旗，鄂尔多斯市成为全区唯一没有贫困旗的地级市。绿色发展，夯实了鄂尔多斯高质量发展的基石。库布齐也不再是京津风沙源，而是首都的后花园。

鄂尔多斯历届党委将生态建设作为最大的基本建设，久久为功，持续发力，充分灵活运用政府的“宏观之手”，更好地发挥政府职能，从源头上构筑起生态文明建设的规划体系，相应实施配套政策，跟进投入真金白银，让国家、集体、个人攥成一个拳头，让政府、企业、社会齐心协力、齐头并进，让植绿、播绿、铺绿的劲头持续不减，热情持续高涨。政策效益与红利在 10 年、20 年、30 年、50 年、70 年以至若干年后日益彰显。

绿色接力是鄂尔多斯人的品德。他们用行动诠释“保护生态环境就是保护生产力，改善生态环境就是发展生产力”。党的十八大以来，库布齐的治沙面积，相当于前 20 年治沙面积的总和；343 项治沙科技创新成果，有 290 多项都是这几年取得的；许多重大生态产业项目，都是这几年启动的。库布齐治沙是生态文明建设的表率，为子孙后代留下了可持续发展的“绿色银行”。

在库布齐沙漠治理过程中，按照先易后难、由近及远、锁边切割、分区治理、整体推进的治理思路，科学有效地推进。

“锁边”治理，是在库布齐沙漠南北缘建设锁边林带，阻止沙漠扩展。从 20 世纪七八十年代开始，在库布齐沙漠边缘地带营建起了长 200 多 km，南北宽 3 ～ 5 km 的乔、灌、草与带、网、片相结合的绿色防风固沙体系，阻止沙漠扩展蔓延。“切隔”治理，是依托季节性河流和修建穿沙公路，将沙漠切割成块状进行治理。1999 年 10 月建成通车的鄂尔多斯第一条穿沙公路，全长 115 km。这条公路的建成，不仅拉近了数十万牧民与外界沟通、交流的距离，还破天荒地实现了对库布齐沙漠的切割式治理。

多年来，沙漠治理主要方式为人工保护、自然恢复，由于缺乏生态水支撑，治理效果差且历史漫长。黄河流经杭锦旗全长 249 km，是全国黄河流域流经最长的旗县，杭锦旗人将丰富的黄河水资源引入库布齐沙漠腹地，“引河治沙”形成库布齐“水生态”

优美的人居环境

奇观。库布齐人认识到，山、水、林、田、湖、草、沙是一个生命共同体。

如今的库布齐沙产业，沙生植物加工搞起来了，生态正在得到恢复，人民生活水平也有了明显提高。

鄂尔多斯市开展“七城联创”，巩固和提升全国文明城市，不断改善城乡环境，通盘考虑、整体谋划，生态文明建设真正做到了全方位。

## 四、“库布齐模式”是中国走向世界的绿色名片

鄂尔多斯把制度建设作为推进生态文明建设的重中之重，着力破解制约生态文明建设的体制机制障碍，牢牢抓住了生态文明建设的“牛鼻子”。

鄂尔多斯市康巴什新区

1947—1952 年提出保护培育草原“三不两利”政策；20 世纪 50 年代提出“禁止开荒”“保护牧场”；60 年代提出“种树、种草、保护基本农田”；70 年代提出“逐步实现退耕还林还牧，以林牧为主，多种经营”；80 年代提出“念草木经”提出“三种五小”，同时提出资源开发与环境保护并重，实行“五荒到户、谁造谁有、长期不变、允许继承”政策，激发了社会各界巨大的治沙动力；90 年代提出并实施“两翼一体”战略“3153”工程；2000 年乘着国家实施草畜平衡、禁牧休牧政策，确立建设“绿色大市、畜牧业强市”，相继出台“立草为业、舍饲精养、为养而种、以种促养”“禁牧、休牧、划区轮牧”等政策。鄂尔多斯市建立起资源开发与环境保护最严门槛监管机制，推进红线管理制度。将国家、内蒙古重点生态功能区、生态敏感区和脆弱区、禁止开发区、生物多样性优先保护区等重要区域划入生态保护红线。

党的十八大以来，鄂尔多斯又提出绿色转型、绿色发展、建设大美秀美鄂尔多斯新蓝图。库布齐人从承包五荒到土地流转，从土地入股到合作经营，遵循宏观政策，探索具体措施，一任接着一任干，一棒接着一棒传，踏石留印，抓铁有痕，绿色基因流淌血脉。

目前，库布齐治沙技术已经在新疆、西藏、青海、甘肃、云南、河北等地成功复制，并向沙特、蒙古国等“一带一路”国家推广。

为防治荒漠化，联合国十分重视库布齐的治沙实践。2013 年，联合国环境规划署、联合国防治荒漠化公约秘书处成为第四届库布齐世界沙漠论坛主办方；2014 年，联合国环境规划署将库布齐沙漠生态治理区确立为“全球沙漠生态经济示范区”；2017 年 9 月 10 日，“一带一路”防治荒漠化合作机制正式启动。这也意味着“一带一路”沿线国家将携起手来，共同化解挑战和困境，共享荒漠化防治经验，构建生态安全共同体。

2018 年联合国可持续发展高级别政治论坛期间，在举行的主题为“可持续性、稳定与安全”的部长级会议上，以库布齐为代表的中国生态文明建设成果和经验，获得国际社会的广泛认同——中国库布齐的沙漠生态经济模式是把绿色“钥匙”，实现了治沙与减贫的双赢，适合全球推广。

库布齐治沙坚持创新、协调、绿色、开放、共享的发展理念，是可借鉴、可复制、可推广的防治荒漠化模式，并获得了国际社会的广泛认可。从贫瘠旱垣到云白草青，库布齐治沙模式是中国生态文明建设的成功实践，也是中国走向世界的一张绿色名片。库布齐沙漠治理模式为全球荒漠化治理提供了“中国方案”，为推进人类可持续发展贡献了“中国经验”。

## 案例分析

几十年来，在各级党委政府与沙区企业、人民群众的共同努力下，库布齐沙漠成为世界上唯一被整体治理的沙漠，实现了从“沙进人退”到“绿进沙退”的历史巨变，被联合国环境规划署确立为全球沙漠“生态经济示范区”。库布齐沙漠治理所取得的巨大成就，是“党委政府政策性主导、企业产业化投资、农牧民市场化参与、科技持续化创新”等众力齐发的结果。特别是党的十八大以来，在习近平生态文明思想的引领下，库布齐治沙模式坚定践行“绿水青山就是金山银山”理念，取得了推动绿色发展的显著成绩，展示了人与自然关系如何在科学理念指导下和谐共生并实现经济社会良性发展的样板。在本案例中，可以总结出以下几方面的特点：

第一，党的坚强领导和政府主导推动是根本保证。我国是世界上荒漠化问题最严重的国家之一，始终高度重视荒漠化防治工作。2001 年，我国颁布世界上第一部防沙治沙法。党的十八大以来，党中央把生态文明建设纳入“五位一体”总体布局和“四个全面”战略布局，生态文明理念深入人心，库布齐沙漠治理发生历史性、转折性、全局性变化。内蒙古自治区各级党委始终铭记习近平总书记考察内蒙古时提出的“内蒙古要大胆先行先试，积极推进生态文明制度建设和改革”的指示精神，大力构筑祖国北方重要生态安全屏障，持续推进沙漠治理，在发展沙产业、生态移民、禁牧休牧、生态基础设施建设等方面给予企业和群众直接支持，有效促进了资金、技术、劳动力等生产要素向生态领域集聚。

第二，以企业为主体的“产业生态化、生态产业化”的生态经济体系是核心支撑。生态环境问题归根到底是经济发展方式问题。库布其沙漠治理始终坚持产业生态化和生态产业化，让企业在生态治理中形成可持续的商业模式和盈利模式，有效解决“钱从哪里来”“利从哪里得”“如何可持续”的问题。实践表明，小规模治沙极易被沙漠反噬，固沙治沙必须形成规模、形成系统才能有效遏制沙化。亿利、伊泰、东达等治沙龙头企业因地制宜将产业与治沙紧密结合，使企业在生产经营过程中始终注重生态效益、社会效益，逐步形成以沙漠绿化为基础的生态修复、生态农牧业、生态健康、生态旅游、生态光伏、生态工业等融合发展的生态产业综合体系，沙漠在变成绿洲的同时，也变成了黄金，有效解决了生态治理的可持续性问题。

第三，农牧民的市场化参与是强大动力。库布齐沙漠治理始终坚持生态惠民理念，将治沙与治贫相结合，建立多方位、多渠道利益联结机制，鼓励引导广大农牧民通过植树造林、发展特色种植养殖项目等渠道，融入治沙和生态产业链条，实现在治沙中致富、在致富中治沙。沙区农牧民逐步拥有了沙地业主、产业股东、生态工人等 7 种新身份。今天，库布齐活跃着 232 个亿利治沙民工联队、5 820 名生态建设工人，人均年收入达 3.6 万元，有近 1 500 户农牧民从事沙漠旅游业，户均年收入超过 10 万元。从前，老百姓为了生存而治沙；现在，尝到甜头的群众是库布齐治沙事业最广泛的参与者、最坚定的支持者和最大的受益者。

第四，持续的科技创新是不竭源泉。沙漠变沃野，靠的是尊重自然、科学治沙、持续创新。从最初的点片治沙到现在的系统化治理，从传统植树到微创植树，从人工种植到无人机种植，30 多年来，库布齐人探索出一整套科学成熟的治沙方案。此外，他们还根据当地生态条件，研发了 1 000 多种植物种子，建成我国西部最大的沙生灌木及珍稀濒危植物种质资源库，建立了旱地节水现代农业示范中心、智慧生态大数据示范中心等一系列世界先进的示范中心。如今，亿利的技术团队走进新疆塔克拉玛干沙漠、甘肃腾格里沙漠、内蒙古乌兰布和沙漠，并取得了初步成果。

## 第五节　充分发挥环保宣教部门的主力军作用

1995年10月，经内蒙古自治区编制委员会批准，内蒙古自治区环保局所属的内蒙古自治区环境保护宣传教育中心（正处级）正式成立。其主要职责是指导全区环境保护宣传教育工作，拟定全区环境保护宣传教育规划和计划并组织实施。全区12个盟市也开始相继成立环境保护宣传教育机构，发挥其各自的职能作用。至此，内蒙古自治区环境保护宣传教育工作开始走上制度化、规范化管理的轨道。1997年7月，旨在指导全区环境教育工作的“自治区环境教育指导委员会”成立。1998年，内蒙古自治区在内蒙古大学建立了环境教育培训基地，以绿色创建为载体，开展多层次的环境教育活动。此外，自治区还以纪念六五环境日为契机，开展环保宣传现场实践活动。从20世纪末期至今，全区每年都以纪念六五环境日为契机，在自治区首府呼和浩特市及各盟市所在地城市开展不同形式的大型纪念活动。全区各地先后开展了以“保护生命之水，解决突出环境问题”“保护资源、永续利用、向大气污染宣战”“搞好水土保持，再造秀美山川”“关注环境、保护生态、促进可持续发展”等为主题的“内蒙古环保世纪行”活动。通过宣传，各级领导干部、广大人民群众增强了保护环境的意识，提高了保护环境的自觉性。

为深入做好环境保护的宣传教育工作，及时向社会各界通报全区环境保护的情况，宣传环境保护和生态保护与建设方面的成就，更好地发挥新闻媒体的舆论导向作用，自治区环境保护宣传教育中心先后组织编写了《环境保护宣传教育材料》（之一、之二），创办了刊物《环保信息交流》，出版了《内蒙古自治区生态环境保护教程》《环境保护知识问答》等读物，还编辑出版了《绿色内蒙古——祖国生态屏障》《大美内蒙古》画册，内蒙古辉煌70年邮册等，在全国发行7 000余册。

“十五”期间，原内蒙古自治区环境保护局编印了《建设环境友好型社会，维护内蒙古环境安全宣传手册》《自治区党委、政府关于落实科学发展观加强环境保护的决定干部学习读本》《自治区党委、政府关于落实科学发展观加强环境保护的决定简明学习读本》《污染物排放总量控制如识手册》《生命之水——内蒙古水环境保护 50 问》《内蒙古自治区环境保护的形势与任务干部学习读本》《环境保护违法违纪行为处分暂行规定 30 问》《企业的环境保护责任》等环境保护宣传材料 11 套；制作了“建设环境友好型社会，维护内蒙古环境安全”“倡导绿色生活，共建美好家园”“污染物减排知识”“2008 年污染物减排成就”展板 4 套；编发《环保信息交流》35 期，刊发稿件 600 余篇；制作了“让碧水蓝天见证科学发展”暨内蒙古环境保护 30 周年专题片。内蒙古自治区环保局分别组织开展了“中国环境意识项目——树立科学发展观推进节能减排内蒙古领导干部培训周”和“生命之水——内蒙古环境保护公众参与项目”活动。中央电视台、中国新闻社和中央驻内蒙古自治区以及自治区、项目区主要新闻媒体的记者也参加了培训并对培训活动进行了广泛报道。项目活动共收到“生命之水”征文 147 篇。除对领导干部进行环保教育外，对企业其他管理人员也进行了环保教育。各大企业的党委书记、法人代表、负责环保工作的领导干部近 400 人参加了培训。

内蒙古自治区在学校进行环保教育，提倡创建绿色学校，即在实现基本教育功能的基础上，以可持续发展思想为指导，在日常管理工作中纳入有益于环境保护的管理措施，充分利用各种资源和机会，全面提高教师和学生环境保护素质的学校。1996 年，继《全国环境宣传教育行动纲要（1996—2010）》）提出在全国开展创建绿色学校活动以后，内蒙古自治区创建绿色学校活动与全国各省区一样得到迅速的发展。在《内蒙古自治区创建绿色学校活动试行办法》和《内蒙古自治区创建绿色学校指标体系》的指导和规范下，到“十五”末期，全自治区已创建 700 多所各级绿色学校，其中有 9 所受到国家环境保护总局和教育部的表彰，273 所获得自治区级绿色学校称号。此外，自治区组织了以“为了地球上的生命”为主题的全区青少年环境保护书画作品征集活动，组织呼和浩特市第二中学举办了“中学生环境保护科普讲座”，组织全区有关学校参加“中小学生施乐杯环境保护绘画比赛”。

自治区在社区进行环境保护教育，提倡创建绿色社区。自主建立并长期保持社区环境管理体系和环境保护公众参与机制的社区，是实现环境保护和可持续发展的社会生活共同体。绿色社区的核心是社区环境管理体系，绿色社区的功能是监督环境执法、提供政策建议、进行环保教育和倡导绿色生活。1996 年，继《全国环境宣传教育行动纲要（1996—2010）》提出在全国开展创建绿色社区活动以后，内蒙古自治区创建绿色社区的活动逐步开展起来。2004 年 11 月，内蒙古自治区精神文明办、环保局和民政厅联合印发《关于开展绿色社区创建活动的通知》和《内蒙古自治区绿色社区考核标准与评价体系（试行）》以后，创建绿色社区工作得到进一步规范。内蒙古自治区环境保护宣传教育中心组织干部职工参加了环保宣传业务培训班，请有关专家做了“环境危机和挑战”“环保公共政策和公众参与及环境法制体系”专题讲座。此外，内蒙古自治区还举办了全区环境保护专业技术人员培训班、环境影响评估培训班、旗县（市）区环保局长岗位培训暨中美环境法制培训班。全自治区共创建自治区级环境保护教育基地 14 个，盟市环境保护教育基地 47 个。到 2008 年末，全自治区共创建自治区级环境保护教育基地 32 个。

“十一五”期间，在呼和浩特市乌兰恰特大剧场举办全区节能减排颁奖晚会，在全区企业负责人中实施“中国环境意识项目——内蒙古环境保护责任教育行动计划”；编发《企业的环境保护责任》读本和《企业环境保护责任宣传画》，组织“企业负责人谈环保”有奖征文活动；邀请有关专家在全区各盟市做“企业的环境保护责任”专题讲座，共有 913 名企业负责人和 688 名企业环保管理人员，共计 1 601 人参加了培训。2008 年 6 月《中华人民共和国水污染防治法》颁布以后，内蒙古自治区环境保护厅将《中华人民共和国水污染防治法》翻印了 1 万份，分发到全区各盟市、各企事业单位和城镇街道办事处进行宣传。内蒙古自治区环境保护厅将排污超标收费方面的法规汇编印刷 2 000 册，下发各盟市和排污企业进行宣传。

“十二五”期间，全区各地围绕“倡导低碳环保绿色生活 共建生态文明内蒙古”主题演讲比赛、全区环境保护知识竞赛、“经济社会发展与环境保护相协调”全区大学生演讲比赛、“美丽内蒙古”自然、生态环境大型摄影展等社会宣传活动。编印《倡导低碳环保绿色生活　共建生态文明内蒙古》《向污染宣战　共建绿色家园》《践行绿色生活》主题宣传册。自治区组织了各盟市“2014 金鹰全国中小学生环保绘画比赛”“践行绿色生活——‘百旺杯’全国中小学生绘画大赛”“同绘蓝天”——第三届全国中小学生环保绘画大赛。组织各盟市参加第十一届、十二届、十三届、十四届、十五届“赛莱默”杯全国中学生科技发明比赛暨斯德哥尔摩青少年水奖中国地区选拔赛并取得三等奖和优秀奖的好成绩。在2014年国际小记者项目新闻作品比赛中，分别获得文章类二、三等奖；照片类一等奖和三等奖；视频类一等奖的佳绩。

2016年是“十三五”规划的开局之年，也是《全国环境宣传教育工作纲要（2016—2020年）》实施的第一年，环境保护宣传教育工作面临着新的形势、机遇和挑战。内蒙古自治区宣教中心牢牢把握“四个全面”的时代内涵，围绕创新、协调、绿色、开放、共享五大发展理念，按照《2016年全区环境宣传教育工作要点》的具体要求，以宣传环保法律法规和内蒙古自治区环境保护20年的发展，普及环保知识、拓宽公众参与渠道、提升全民环保意识、推进和完善环境教育工作等为重点，面向社会开展了形式多样、内容丰富的各类环境保护宣传教育活动。依托舆论媒体，健全制度，与中国环境报、新华网、人民网、内蒙古日报、北方新报、内蒙古法制报、内蒙古电视台、内蒙古电台、内蒙古经济网等主流媒体形成合力，使环境新闻报道向纵深发展。累计发表各类稿件上万篇。2018年内蒙古自治区环境保护宣传教育中心制定并印发《内蒙古自治区环境保护厅新闻发布制度》，明确发言人职责，规范新闻发布工作。推进完善新媒体机制，为内蒙古自治区环保新媒体提供体制保障，构建内蒙古全区上下生态环境新媒体矩阵，使“双微平台”更好地发挥作用，提升覆盖面和关注度。

内蒙古自治区共组织开展相关纪念活动200余次，摄影比赛、专题讲座等超过100余次，编发宣传资料38万份，广泛传播了环境保护科普知识，弘扬了生态文明理念，引导人们选择低碳环保绿色生活，积极、理性、深入参与生态文明建设。内蒙古自治区积极实施全民环境教育，推进生态文明建设，创建国家级“环境友好学校”2所，“全国中小学环境教育社会实践基地”5家，“国家级自然学校”1所。验收自治区级“环境友好学校”79所，自治区级“环境教育基地46家”，自治区级“环境友好社区”14个。全区环境宣传教育以六五世界环境日为契机，广泛联系有关部门和社会组织，围绕“绿水青山就是金山银山”的主题，开展生态文明“十进”宣传活动和朗诵会，举办了“美

黄河落日

丽中国，我是行动者——留住往日风光　守护心中家园”主题书画摄影展。在全区广泛开展了一系列学校宣传及贯彻落实新《中华人民共和国环境保护法》活动，提高了社会界对新环境保护法的认识，增强了社会公众和企业的环境法制观念和守法意识：组织举办了“向污染宣战，共建绿色家园”暨新环境保护法知识竞赛活动；举办了全区大学生“改善环境质量　推动绿色发展”主题演讲大赛和纪念六五环境日朗诵会；举办“百场环保电影”放映周；开展“生态内蒙古环保在行动”线上线下主题活动；制作《美丽草原我的家　天蓝水美你我他》环保系列动漫，环保微电影《传承》，录制《让中国更美丽》“美丽中国，我是行动者”主题歌曲 MV 等新媒体宣传产品。充分体现了全区上下联动，相关部门积极配合，全社会共同参与的特点，产生了较大社会影响。举办新环境保护法专题讲座，举办新环境保护法培训班，举办全区生态文明建设和环保法律法规培训班培训自治区重点企业负责人 400 余名，举办全区环境工程专业技术人员培训班，和全区环境与自然教育骨干培训班，参训的事业单位干部职工和社会组织 1 000 余名；开展新环境保护法宣传进高校暨“环保绿青城，者在行动”启动仪式，12 所高校及环保社会组织的 600 多名青年环境友好者青年志愿者齐聚内蒙古工业大学参加活动。策划组织实施与中国邮政内蒙古分公司、内蒙古环保产业协会、内蒙古环保科技行业协会签署战略合作框架协议。将进一步发动全社会力量，构建生态环保统一战线，充分发挥各自优势，在公众开放、社会宣传教育、环保新媒体等方面加强交流与合作，发挥企业、民间组织和社团在生态环保工作中的积极作用，共同守护好内蒙古这片绿色，为助推生态环境保护工作奠定坚实的宣传教育阵地，做出贡献。

**案例分析**

2015 年，中共中央、国务院印发的《关于加快推进生态文明建设的意见》中提出，要鼓励公众积极参与，完善公众参与制度，及时准确披露各类环境信息，扩大公开范围，保障公众知情权，维护公众环境权益。同时提出，要积极培育生态文化、生态道德，使生态文明成为社会主流价值观，成为社会主义核心价值观的重要内容。《中共中央关于制定国民经济和社会发展第十三个五年规划的建议》中提出，要加强资源环境国情和生态价值观教育，培养公民环境意识，推动全社会形成绿色消费自觉。党的十九大以来，党中央、国务院把生态文明建设和环境保护摆上更加突出的位置，提出了一系列新部署、新举措和新要求，作为生态文明建设的主阵地和主力军，国家和地方环保宣教工作都面临着新的挑战。

从我国环境保护工作几十年的发展历程来看，环保工作是靠宣教起家的。宣教工作在环保工作中发挥了非常重要的作用。美国五星上将、前总统艾森豪威尔曾说，在宣传中花1美元，就等于在国防上花5美元，宣传工作的重要性可见一斑。同样，新时代，要做好生态文化建设以及环保工作，还是要发挥好宣传教育的先导和引领作用。

## 一、环保宣传教育工作的重要作用

第一，开展环保宣教工作有利于形成生态文化建设的良好氛围，凝聚环境保护的社会合力，更好地提升生态文化建设质量。生态文化建设不是一小部分人的问题，保护环境也不仅仅是环保局的工作，要全面提升生态文化建设质量，从根本上解决环境问题，需要全体社会成员的共同参与。

开展环保宣教工作，有利于发现生态文化建设中的薄弱点，发现政府及环保部门想为而无法作为、想管而无法管好的管理困境和权力盲区，进而推动相关部门共同思考，形成各部门齐抓共管的良好格局。事实上，也正是环保宣教工作的积极开展，才有了从原先“九龙治水”到如今“河长制”的重要转变。

同时，环保宣教工作还承担着唤醒和培育社会大众生态文化意识的职责。只有切实加强环保宣教工作，才能促使社会大众形成良好的生态文化理念，将生态文化建设作为个体的自觉行动。即便是从行政执法的角度来看，环保宣教工作也意义重大。对于各类污染源企业的负责人而言，只有不断增强这部分人员的生态文化理念，实现从不敢违法、不能违法到不想违法、不愿违法的转变，才能从根本上解决各类环境违法问题。

第二，开展生态文化及环保宣教有利于发现工作中的问题，找准工作的方向。在实际工作中，不少人将生态文化及环保宣教片面地理解为做广告。一些人甚至认为，宣教就是自我表扬，进而不愿意主动宣传。这些观点的形成，主要是对生态文化及环保宣教工作缺乏正确的理解。

从客观上看，生态文化及环保宣教工作是对既往工作经验、做法的宣传推广，带来的扩散式效果是宣教的必然之义。但如果从环保宣教的具体内容出发，我们不难发现，宣教的前提是对既往工作的总结和反思，对已有经验的提炼和提升。在开展宣教过程中的总结反思，必然促使我们去思考生态文化及环保工作中存在的不足，进一步调整工作思路。

同时，环保宣教工作将环保工作以报道、总结等形式推向了社会，避免了环保工作中可能出现的闭门造车困境。在以媒体为中介的互动反馈中，能够更好地优化生态文化及环保工作，提升生态文化及环境管理工作的实效。

第三，生态文化及环保宣教工作对先进经验做法的报道，有利于转化成生态文化及环境管理工作提升的动力。“索物于夜室者，莫良于火；索道于当世者，莫良于典。”生态文化及环保宣教工作，尤其是对于优秀经验、做法的总结工作，某种意义上正是在编撰典籍。

一些地区、部门中的优秀经验和做法，通过宣教工作，可以给其他地区、部门解决类似环境问题提供借鉴。在条件成熟的情况下，区域性经验也可能上升为全国性做法，更好地提供管理指导。

此外，生态文化及环保宣教工作也将给被宣传、被介绍对象更大的工作动力。对于优秀经验做法的宣传推广，客观上是对经验创造者工作的肯定和褒扬，不管是集体还是个人，都会希望维持甚至突破已有荣誉，创造更好的工作成绩。生态文化及环保宣教工作无形中成为这部分人工作前进的动力和鞭策，将更好地推动生态文化及环境管理工作的提升。

生态文化建设不仅仅要抓好环境管理工作，也要抓好宣教工作。只有一手抓管理、一手抓宣传，在全社会形成人人关心环境质量、人人参与环境保护、人人抵制环境违法行为的良好生态文化氛围，才能从根本上解决环境问题。

## 二、环保宣传教育工作存在的主要问题

环保宣教被称为环境保护事业的四轮驱动之一，为增强群众的环境意识做出了很大贡献。但不可否认，近年来由于经济社会的快速发展以及互联网等各种新媒体的不断出现，环保宣教在一些地方出现弱化趋势，主要表现在以下几个方面。

一是环保宣传教育方式老化，没有及时跟上时代步伐。例如，一些传统媒体介绍的环境知识陈旧过时，还有的宣传活动就是设立咨询台做个秀场，草草了事，形式主义有余，实际功用不足。

二是环保宣教手段僵化，年年岁岁花相似，不温不火。每年习惯性地在几个与环境有关的纪念日开展一些宣教活动，活动内容枯燥乏味，激不起参与者足够的热情。

三是思想观念固化，对环境热点、难点问题报喜不报忧。有的领导干部遇到问题绕着走，甚至掩耳盗铃，不做正面回应。这在新媒体时代凸显出更大的弊端。

四是宣教工作形式化，一些好的方法没有完善的配套措施，宣教与执法相脱离，与中心工作相脱离，导致社会参与积极性大打折扣。例如，环境污染有奖举报、随手拍等活动，重承诺轻兑现，一定程度上挫伤了群众参与环保的积极性。

## 三、把握新契机，开创新局面

当下，国家层面正大力弘扬生态文明理念，积极推进生态文化建设。新时代，为环保宣教带来了机遇和挑战。新任务，也为环保宣教注入了新鲜血液。因此，环保宣教部门要积极把握生态文化建设及新时代环保工作的契机，着力打开宣教工作新局面。

一是调整环保宣传教育角度。应该说，每一位环保人都和广大群众一样，盼望着早日享有蓝天、碧水、净土，而且广大环保人也在通过努力工作来实现这一目标。环保宣教要配合环保部门督政查企职能的进一步明晰，强化宣传环保部门

与人民群众是紧密的利益共同体这一理念，树立严执法、善作为的人民环保卫士形象。环保业务部门要敢于直面宣传，敢于直面问题，通过公开曝光推动环境问题解决，为人民造福。

二是科学定位环保宣教作用。要对环保宣教给予充分重视，做好人员、经费和技术保障，架起环保部门与社会各界沟通交流的桥梁，让百姓切身认识和体会到与环保部门同呼吸、共命运，实现消除隔阂、凝聚共识、形成合力的目标。

三是创新环保宣教方式。宣教的语言风格要通俗易懂，避免说教式口吻，要开动脑筋思考如何把环保领域的专业文章、知识、新闻，以群众喜闻乐见、容易理解的形式展现出来，让群众看得懂、愿意看、喜欢看。在组织相关环保活动时，要避免宣教活动娱乐化的倾向，可以适当与环境监测、监察等日常业务结合起来，让社会公众、志愿者、环保社团等参与到环境执法中，切身体会环保卫士的艰辛与不易，多一分理解，多一分支持。

当前，生态文化建设及环保工作正处于负重前行的阶段。“上下同欲者胜”，要发挥好环保宣教引导舆论、达成共识的作用，努力汇聚全社会力量共治共享，才能举重若轻。

包头投资700万元，建成全区唯一的环保宣传教育馆，成为全市中小学生环境教育重要基地

## 参考文献

[1] 习近平 . 中国共产党第十九次全国代表大会报告 [R].（2017-10-28）. 人民网 .

[2] 中国共产党内蒙古自治区第十次代表大会报告 [R].（2016-12-01）. 内蒙古新闻网 .

[3] 中共中央　国务院关于加快推进生态文明建设的意见 [R]. 中共中央办公厅，2015.

[4] 环保部，等 . 全国环境宣传教育工作纲要（2016-2020 年）[R] . 环保部办公厅，2016.

[5] 邓乃平 . 北京生态文化建设理论与实践 [M]. 北京：中国林业出版社，2014.

[6] 内蒙古自治区党委政府 . 关于加快推进生态文明建设的实施意见 [R]. 内蒙古自治区人民政府办公厅，2015.

[7] 江泽慧 . 生态文明时代的主流文化 [M]. 北京：人民出版社，2013：87.

[8] 国家林业局 . 中国生态文化发展纲要（2016—2020 年）[EB/OL] http：//www.forestry.gov.cn/.

[9] 成艳敏 . 当前我国高校生态文化建设的途径探索 [D]. 太原：中北大学，2017.

[10] 裴娣娜 . 教育研究方法导论 [M]. 合肥：安徽教育出版社，2010：204.

[11] 刘亚楠 . 共享单车发展研究分析 [J]. 时代金融，2017（8）：251-254.

[12] 王南林 . 可持续发展战略和环境伦理学产生过程的共同性研究 [J]. 中国人口•资源与环境，2002（5）：17-19.

[13] 国务院 . 国家教育事业发展"十三五"规划 [R].2017.

[14] 中共中央 . 关于制定国民经济和社会发展第十三个五年规划的建议 [R].2015.

[15] 杨婧 . 媒体"微"时代的无限可能 [J]. 环境教育，2016（8）：33-35.

[16] 魏强，汤康. 亿利资源集团公司：进军沙漠拓展新业，责任竞争力 [M]. 北京：企业管理出版社，2006.

[17] 李佩环 . 论生态文化建设及其法制保障 [J]. 商业时代，2008（16）：45.

[18] 李洋 . 高校自行车循环利用的问题分析及解决措施调查报告 [R].2018.

水清羊儿肥

第八章

# 内蒙古 生态文化建设的 保障措施

党的十九大报告对未来一个时期的生态文明建设，提出了一系列新思想、新要求、新目标和新部署，包括建设生态文明是中华民族永续发展的千年大计，必须树立和践行绿水青山就是金山银山的理念，坚持节约资源和保护环境的基本国策，像对待生命一样对待生态环境，统筹山水林田湖草系统治理，实行最严格的生态环境保护制度，形成绿色发展方式和生活方式，坚定走生产发展、生活富裕、生态良好的文明发展道路，建设美丽中国，为人民创造良好生产生活环境，为全球生态安全做出贡献，等等。这些重要指示精神，不仅为生态文化体系建设指明了方向，而且赋予了生态文化以新的定位、任务和使命。然而，生态文化的建设是一个艰难的历史过程，亟须在制度、管理、人才、科技、全民参与等方面采取有力且操作性较强的对策措施。

## 第一节　充分认识生态文化建设的价值功能

### 一、为生态文明建设提供理论指导

生态文化是生态文明建设的理论指导和灵魂。人类在适应地球生态环境过程中，创造了文化来适应生存环境，发展文化以促进生存环境的改善。文化是人类创造的产物，不同的历史时期会产生不同的起主导作用的文化。生态文化是在21世纪，农业文化、“人类中心主义”的工业文化导致生态危机而产生，并伴随人们对人与自然关系认识深化而进一步发展的新文化；是一种人与自然协同发展，顺应当代社会经济发展要求，遵循发展规律的先进文化。生态文化是弘扬生态文明、进行生态文明建设的文化基础。

生态文化的作用之一就是价值整合功能。要使人们懂得，自然生态系统是一个整体，生态文化强调从整体上认识和评价生态系统，生态系统最核心的内容体现为人与自然平等、融合、依存、感恩和赞美。人要遵循自然规律，正确发挥人的主观能动性，使人的主观目的性与客观规律性相符合，并且将自然—经济—社会符合生态系统的多重价值整合在一起，给予全面的理解、深度的把握和高度的评价，不断提升文明程度，转变经济发展方式，把握和运用好自然规律，逐步实现从必然王国向自由王国的跨越。

生态文化还会使人们树立新的美学标准。纯自然的事物是美的，是一种本真的美、质朴的美。同样，只有那些既符合自然规律又符合人类需求的事物，实现了自然的人化与人的自然化高度统一起来的事物才是美，或者是臻于完美。这就是人类追求的人与自然和谐、天人合一的至美境界。

### 二、为生态文明建设提供评判标准

人类要进行生态文明建设，究竟哪些具体的经济增长是合理的、绿色的？这就需要建立一定的评判标准加以辨别。而辨别的工具就是人类价值观的转型。在工业文明时期认为有很大价值的，在生态文明时期看来未必真有那么大的价值，甚至是没有价值的，或者是有负价值的。这就需要把传统的以 GDP 为尺度的标准，改为“绿色GDP”。绿色 GDP 是指从 GDP 中扣除自然资源耗减价值与耗减污染损失价值后剩余的国内生产总值，同时将生态效益的变化考虑在内。绿色 GDP 计量方法，是生态文化核心理念在经济领域的重要体现。[1]

## 三、为生态文明建设提供发展动力

在世界各国纷纷迈向可持续发展的国际新形势下，生态建设越来越成为国家和地区发展的核心竞争力。培育和建设生态文化，有利于维护生态环境安全，实现人与自然的和谐相处，实现生态效益、环境效益和社会效益的有机统一，有助于调整和改善人与自然、人与人、人与社会、人与内心的关系，有利于在全社会形成建设生态文明的良好氛围，进而发挥增进和谐、凝聚力量的作用。

生态文化是塑造生态文明的理论源泉，是弘扬社会主义核心价值观的主流文化。对于拓展人类的生态认知，传播生态观念，提升生态意识和自觉生态行为，推进生态文明进程，具有重要的鼓励与激励作用。

弘扬生态文化，逐步地使全社会树立起牢固的生态文明意识，自觉地用生态世界观和价值观来指导自己的行为，投入生态建设，生态行为文化就将转化为生态文明建设的物质力量，生态环境的改善作为一种结果又对主体发挥正向的激励作用，即使在生态文明建设中遇到困难和挫折，生态文化作为一种价值导向，也会不断地对主体以激励，使社会认可生态建设付出的代价是必要的、值得的，并朝着生态建设的目标顺利迈进。

## 四、为生态文明建设提供制度保障

生态文明建设离不开制度保障。生态文化不仅要为生态文明建设提供精神层面的内容，还必须不断完善生态建设、生态经济、生态社会、生态文化等方面的制度保障，

1　江泽慧．生态文明时代的主流文化 [M]．北京：人民出版社，2013：87.

以更有力地约束和规范各种产业和社会行为，引导经济发展方向的绿色转型，形成发展合力，促进全社会的绿色发展和可持续发展。与生态文明建设有关的政策制度，也是生态文化建设制度层面的内容。党的十九大报告指出："加强对生态文明建设的总体设计和组织领导，设立国有自然资源资产管理和自然生态监管机构，完善生态环境管理制度，统一行使全民所有自然资源资产所有者职责，统一行使所有国土空间用途管制和生态保护修复职责，统一行使监管城乡各类污染排放和行政执法职责。构建国土空间开发保护制度，完善主体功能区配套政策，建立以国家公园为主体的自然保护地体系。坚决制止和惩处破坏生态环境行为。"[1]

## 第二节　发挥政府在生态文化建设的主导作用

### 一、建立领导组织协调机制

政府作为生态文明建设的第一责任人，要充分发挥政府在生态文明建设中的主导作用。因而，必须在自治区层面建立内蒙古生态文明建设委员会，统筹协调生态建设、生态保护、生态治理和生态文化等工作，明确各相关部门职责。重点就生态文化的具体目标和内容进行研究部署、组织协调、检查督促、考核评议、协调合作，建立经常的工作联系制度，及时解决工作中的各种矛盾和问题，形成齐抓共管、覆盖全社会的工作机制。要健全各级党政领导负总责的领导体制，切实抓好规划，协调、指导、考核和表彰工作，为生态文化建设工作提供有力的保障机制。

1　习近平．中国共产党第十九次全国代表大会报告［R］．人民网．2017-10-28．

## 二、制定生态文化建设的规划与政策制度

良好的生态文化氛围是一个长期的、渐进的形成过程，离不开科学规划以及严明的规章制度，建议内蒙古自治区政府，首先，编制好内蒙古生态文化建设的总体发展规划，围绕推进生态文明建设，把生态文化作为内蒙古生态文明制度体系的重要组成部分，统一部署，分步实施。明确当前和未来一个时期内蒙古生态文化建设的总体思路、空间布局、指标体系、重点任务和政策措施。同时，把生态文化纳入内蒙古经济社会发展和文化建设的总体规划之中，统筹部署，切实加大对生态文化活动、生态文化基础设施、生态文化精品工程的政策资金扶持。通过政府和有关部门的共同努力，形成“政府引导、需求拉动、政策推动、部门联动全社会参与”的格局，营造良好的生态文化建设环境。

其次，要制定一系列行之有效、科学规范、操作性较强的政策制度，把生态文化建设目标要求分解落实到各级管理工作中，加强生态文化建设的过程管理，解决生态文化建设与管理脱节、措施不落实、职责不清晰、制度不配套、奖罚不分明等问题。切实建立分层实施、分级管理、职责分明、配套联动、奖罚兑现的生态文化建设管理体系，为生态文化建设提供有效的制度保障。

再次，按照规划部署，全面推进文化建设工程。将生态文化事业组织体系建设、生态文化创意产业建设、传统生态文化挖掘整理和理论创新研究建设、生态文化宣传与教育及其载体建设、城镇社区和乡村生态文化休闲场所等作为重点工程。[1]以生态公园、自然保护区、湿地公园、生态文化村、生态文化基地、生态文化企业等为主，开展好国家生态文明教育基地的创建工作。完善各类标本馆、文化馆、科普馆、博物馆等生态文化场馆的建设及功能，提升各类公园的生态文化内涵和综合服务水平，使之成为公众享受生态、感悟文化、增强生态文化意识的重要场所。

1　国家林业局．中国生态文化发展纲要（2016—2020 年）[EB/OL].http：//www.forestry.gov.cn.

## 三、完善法律法规，为生态文化建设提供强有力的法律支撑

生态文化的形成，离不开宣传和教化，但是关键还有赖于各种各样的具体的法律制度，能否有效地惩戒各种与当代生态文化不适应的行为，使各种不良的行为受到应有的处罚，文化宣传才能收到成效。人们才会对不正当的行为形成自律和约束。诚实、信任、善良、淳朴的社会行为和道德社会才能最后形成。生态文化建设也是如此，如果脱离了法律和制度，仅靠道德约束是苍白无力的。

当前，生态文化建设在法制保障方面存在的主要问题有：一是法制保障意识淡薄，在具体工作中，人们很少从法律保障角度想问题、办事情；二是生态文化的法律法规建设很不完善，存在着有关法规数量少、覆盖面窄、执法力度小、效果差的状况；三是教育者、受教育者和社会有关方面依法办事的自觉性不高，有法不依、执法不严、违法不究的现象还比较普遍。

因此，当前亟待进行的工作是，国家层面必须尽快出台《生态文明建设促进法》，把生态文明建设与生态回报、生态权利与生态义务紧密结合起来，以法律制度的形式明确和规定生态建设行为的权利和义务，将生态文化建设纳入法制管理轨道，并严格执行，不因人事变动而另行其事。做好这项工作，有利于领导者依法行政，有利于教育者依法育人，有利于社会各方面依法治理，对优化社会的生态文化起着一种促进和保障作用。

## 四、建立领导干部考核机制，使生态文化建设持续发展

内蒙古自治区是一个资源大省、生态大省，近些年来，随着我国区域开发向中西部的战略性转移，内蒙古建立起了以资源为依托的产业格局和生产力布局，即经济的发展过多依赖资源的消耗和开发来换取。一些干部在实际工作中片面追求“以 GDP 为中心”，忽视了经济社会的协调发展，形成一种资源消耗型的生产方式、资源依赖型的思维方式、资源享受型的生活方式。

2015 年 3 月中共中央、国务院颁发的《关于加快推进生态文明建设的意见》中要求“建立领导干部任期生态文明建设责任制，完善节能减排目标责任考核及问责制度。

严格责任追究，对违背科学发展要求、造成资源环境生态严重破坏的要记录在案，实行终身追责，不得转任重要职务或提拔使用，已经调离的也要问责。对推动生态文明建设工作不力的，要及时诫勉谈话；对不顾资源和生态环境盲目决策、造成严重后果的，要严肃追究有关人员的领导责任；对履职不力、监管不严、失职渎职的，要依纪依法追究有关人员的监管责任。”[1]2015 年 11 月，内蒙古自治区党委、政府发布的《关于加快推动生态文明建设实施意见》也明确指出，“加强领导干部自然资源资产离任审计和生态环境损害责任追究，对因决策失误或失职渎职等造成生态环境损害的，进行终身责任追究”。[2]

将生态文明建设指标纳入领导干部的政绩考核中，有利于增强领导的绿色决策理念，有利于推动内蒙古建设生态文明的顺利实施。因此，确立生态文化在生态文明各项决策的地位，是实现科学化决策的必要措施，也是减少和避免决策失误导致生态破坏的一个基本环节。

## 第三节　强化生态文化建设的人才与科技支撑

### 一、提高生态文化建设队伍素质

生态文化建设涉及的面非常广泛，因此不仅是宣传、思想文化、环保、旅游、林业、教育等部门的任务，而且是各条战线和一切部门的共同任务，需要党政各部门、社会各方面密切配合，共同建设一支数量足够、质量合格的新型工作队伍体系。中共中央国务院颁发的《关于加快推进生态文明建设的意见》中指出“生态文明建设关系各行

1　中共中央，国务院．关于加快推进生态文明建设的意见［R］．中共中央办公厅，2015.
2　内蒙古自治区党委，自治区人民政府．关于加快推进生态文明建设的实施意见［R］．内蒙古自治区人民政府办公厅，2015.

各业、千家万户。要充分发挥人民群众的积极性、主动性、创造性，凝聚民心、集中民智、汇集民力，实现生活方式绿色化”。

林业、草原、生态环保、旅游等部门的管理者，科研院所的专家以及高校教师是这项工作的专职队伍，也是这一工作的核心，这些人员既是知识的传播者，又是灵魂的工程师，他们的学识和人品对社会各阶层的影响非常大，所以需要有较高的政治影响力、情感影响力、知识影响力和才能影响力，还必须严于律己、以身作则、增强自身的人格力量。因此各有关部门应坚持以“高进”“优出”“严管”的原则配备生态文化宣传教育管理者和工作人员，将热爱并熟悉地区生态文化建设工作、作风正派、年轻有为的优秀人才选拔到这支队伍中来。

在加强骨干队伍建设的同时，还要注意造就一支稳定的热心于生态文化建设工作，有一定的组织、宣传、教育等多方面特长的人员组成的兼职队伍，包括负责制定生态文化政策的政治家和行政官员、从中央政府官员到村级干部的各级行政官员、社会知名人士、新闻媒体的工作者、各种民间社团和环保组织的成员、退休老干部和来自各个领域的志愿者，这支队伍是生态文化建设工作的生力军。他们为数众多、各自具有进行生态文化建设的有利条件，为适应新形势的要求，有必要充分发挥他们的积极性和优势条件，从而不断促进和充实生态文化的队伍建设。

## 二、加强生态文化人才培养和学科建设

队伍建设是做好生态文化建设工作的关键，工作人员的素质直接影响地区生态文化建设工作的水平。提高生态文化建设工作者的综合素质，一方面，通过组织中期或短期培训、在职自学等各种方式提高工作人员的政治理论水平、文化素养，同时采取压担子进行实际工作锻炼，老带新的办法提高其工作能力。另一方面，充分发挥科研院所、高校在生态文化研究和人才培养方面的作用，通过合作研究、协作办学，提高工作者的专业水平和学历层次，加强生态文化领域人才培养；建立生态文化专门学科，确立本科专业、研究生专业和研究方向，招收硕士、博士研究生，培养生态文化研究专业或研究方向的高层次人员。逐步形成科学合理的人才结构培养机制，不断提高业

务能力，为大力繁荣生态文化提供强大的人才支撑。

## 三、注重生态文化建设重大理论研究和产品的研发

重视生态文化研究基地、人才智库建设，深化研究内容、拓展研究领域，推进生态文化的基本内涵、生态文化传承与创新、生态文化与生态文明互促效应、中外生态文明发展史比较等方面的综合研究，增强对生态文化建设的规律性、历史性和现实性的认识，提升生态文化的理论指导的科学化水平。社会科学管理部门应设立生态美学、生态哲学、生态伦理、生态制度等专项研究课题，推动生态文化研究、传承、发展和创新，不断促进生态文化的与时俱进。并在此基础上，出版一批学术专著和学术论文，定期召开生态文化建设学术研讨会，宣传和交流生态文化方面的研究成果。

2016年，环境保护部等六部委颁发的《全国环境宣传教育工作纲要（2016—2020年）》指出："加强对生态文化作品创作的支持力度，鼓励文化艺术界人士深入了解生态文明建设和环境保护的实践活动，积极参与生态文化作品创作，推出一批反映环境保护、倡导生态文明的优秀作品，繁荣生态文化，满足人民群众对生态文化的精神需求。"生态文化建设既需要有高雅的学术作品，也要有人民群众喜闻乐见的生态文化普及性作品。应该让高雅作品引领生态理念，通俗作品普及生态知识，二者共生共存，相得益彰。生态文艺是生态文化重要的表现手段，是普通群众容易接受的呈现方式，应予以重视。在生态文化建设中，一方面，要鼓励广大文学家、艺术家、摄影家、影视创作者等文艺工作者，走进生态建设和生态保护的重点地区，亲身感悟和体验人与自然和谐相处的魅力，激发创作灵感，创作大量优秀的精品佳作。通过电影、电视剧、小说、诗歌、散文、音乐、绘画、舞蹈等多种艺术形式，可以反映生态，反映人与自然的关系，并且可以达到润物细无声的育人效果。另一方面，要鼓励身处一线的广大文艺爱好者，充分结合内蒙古地区人民尤其是广大农牧民的文化水平、民族传统以及语言文字等实际情况，尽量使生态文化通俗化、民族化。只有这样，才能选准创作主题，精心组织策划，制作具有内蒙古特色的电视、文学等生态文化公共产品，真正创作出贴近内蒙古生态文化发展实际、贴近基层生产生活的精品力作。同时，通过举办生态

文化建设成果展览、摄影比赛、书画展、笔会等活动，广泛收集、筛选整理，采取市场运作的方式，出版一批高质量、图文并茂、各具特色的图示作品，弘扬生态文明理念，倡导绿色生活，不断提高全社会的生态文化品位。培育和建设生态文化，弘扬和挖掘内蒙古独特深厚的草原生态文化，利用丰富的自然资源、独特的生态类型、多样的民族风情和文化习俗，带动和发展一批生态文化特色产业，建设一批生态文化设施及科普教育基地，开展融入生态文化理念的宣传教育活动，营造生态文化建设的良好氛围，对于推动内蒙古文化大发展大繁荣具有十分重要的作用。

## 第四节　积极营造有利于生态文化建设的社会氛围

人的思想意识的形成和发展走向，在很大程度上受环境的影响和制约。公民的生态文化素质的养成与提升，同样也离不开社会环境的影响。环境可以育人，环境的育人功能是不能忽视的。生态文化建设的成功与否往往取决于周围是否形成了有利的社会氛围。因此，在加强生态文化建设中，必须坚持以人为本，大力改善和优化环境，注重环境的影响和熏陶。

### 一、大众媒体要积极营造有利于生态文化建设的舆论环境

在现代信息化社会中，网络、电视、报纸、广播等媒体成为人们获得信息和知识的重要渠道，也成为社会舆论的主要造就者。因此，要高度重视和发挥新媒体在生态文化建设中的巨大作用，通过媒体进行生态文化教育，可以大大拓展教育的覆盖面，真正实施对全民的生态文化教育。同时，又可以利用现代信息技术直观、生动、便捷、高效等特点，寓教于娱乐和生活之中，从而大大提高教育的效果。微信、网络、报纸、电台等媒体要及时反映新时期生态文化建设中涌现出来的新事物、新典型。要加强对

社会普遍关注的生态环境热点问题进行引导。积极开展舆论监督，要敢于揭露、批评一切有悖于生态文化原则的“恶”的行为，也要着力塑造一批符合生态文化规范的“善”的典型，以期感染，同化公众，唯有如此，方能营造出一种良好的社会氛围，促进生态文化建设的社会化。与此同时，一些政府环保部门和民间组织还建立一批网站，开始致力于利用网络这一新兴媒体提供最新信息，从而使生态文化建设有了更加新颖的形式。

## 二、文学艺术要充分发挥对生态养成的教育功能

电影、电视剧、戏曲、音乐、舞蹈、美术、摄影、小说、诗歌、散文等各类文学艺术作品对于满足人民群众日益增长的精神文化需求，提高公众的生态文化素质，促进经济和社会全面进步，具有重要作用。因此，内蒙古地区的各类文艺作品的创作，要积极热情地讴歌各族人民群众良好的生态文化风貌，以其独特的形式和艺术魅力，给人以鼓舞、启迪和美的享受。提倡高雅、健康的审美情趣，让健康的文艺产品占领思想文化阵地，大力提倡各种形式的生态文化建设的社会公益广告，净化人们的心灵，优化人文环境，形成健康向上、激发人们积极参与的良好氛围。

乡村小戏唱环保

### 三、注重培育有益于生态文化形成的良好生活环境

在生态文化建设过程中，我们应当重视环境特别是益于生态文化形成的良好生活环境的作用，采取各种有效的措施，创建一个良好的生态文化影响的环境。荀子曾指出："譬之越人安越，楚人安楚，君子安雅，是非知能材性然也，是注错习俗之节异也。"（《荀子·荣誉》）在荀子看来，环境对于人的品德形成和发展的作用是非常巨大的。良好的进步的生活教育环境有利于在社会形成健康高尚的文化氛围，有利于协调人与人之间、人与自然之间的关系，有利于提高人们的精神境界，净化人们的心灵，引导人们积极向上，从而促进和加速社会的发展。因此要想使生态文化建设富有成效，就必须注意搞好有益于生态文化形成的良好生活环境的营造和建设。充分发挥其强烈的感染、潜移默化的育人功能，重视人的精神陶冶和境界的提高，使公民通过浓郁氛围的影响和熏陶，真正认识到，善待生命、保护环境、节约资源，以简朴的生活代替奢侈和浪费是每一个公民所应有的基本行为操守。要从维护人类整体利益和长远利益出发，把生态文化规范转化为自己的道德良知，努力提高自身的生态文化素质与能力，自觉地规范自身和他人对待自然环境的行为，促进生态环境的改善和优化。

## 第五节　创新生态文化建设的社会参与机制

生态文化建设离不开全社会的广泛参与，通过模式创新、搭建平台、扶持社团等方式，创建全社会参与生态文化建设的新机制。加强生态文化传播，完善社会参与机制，让生态文明观念在全社会牢固树立，并扎根开花结果。内蒙古生态文化建设是服务于生态文明建设的公益事业，离不开广大公众的积极参与。因此，各级政府和部门要大力加强生态文化建设的战略意义的宣传教育，广泛发动全社会力量共同参与到生态文化建设中来，增强全民节约意识、生态意识、环保意识，形成合理消费的社会风尚，营造爱护生态环境的良好风气。

## 一、创新社会参与方式

事实证明，在生态文化的事业建设中政府不是唯一主体，不能单纯依赖政府解决所有问题，关键是要吸纳全社会的力量，形成政府主导、社会团体（文化团体）、企业和个人积极参与的合力机制，有效激发社会和民间力量，充分发挥政府统筹安排、整合力量、帮扶弱势的公共职能，以公益性为主，适度引进市场机制，有针对性、多样化地开展生态文化建设服务。转变观念和服务方式，明确生态文化服务的对象同样是生态文化的建设主体，服务对象的主体性要得到尊重和体现，其生态文化需求得到了满足，生态文化建设的参与度就会增高，生态文化的建设力量就会增强。以此形成政府和社会组织合作、共赢的良性互动，进而在生态文化的事业建设中不断培育和提升公民的生态意识。

生态文化的事业建设不仅涉及政府公共文化行政管理及生产部门，还要充分有效发挥企业、学会、志愿者组织等各类非政府或非营利的公共文化服务机构以及各种社会民间力量。在亟须发展生态文化的社会环境下，不断成长的民间企业也会表现出投资公共生态文化服务、参与公益性生态文化活动的理性冲动。因此，如何整合资源形成合力推动生态文化的事业建设是我们迫切要应对的问题。依靠政府主导，鼓励全社会民间组织、学术组织、群众团体等社会力量和公众参与，共同推进生态文化的大发展。

近年来，内蒙古各类生态文化（文明）协会、学会、促进会、研究会等社团组织相继成立，在引领生态文化发展方面发挥了重要的作用。但是总体上这些生态文化社团组织建设尚处于起步阶段，需要进一步发展壮大。政府及社会各界对生态文化社团组织应给予高度重视，积极引导、扶持并加强规范化管理。

## 二、搭建社会参与平台

生态文化建设需要全社会的广泛参与和行动，必须搭建起类型多样的平台从而有利于社会成员的充分参与，如利用“世界环境日”“地球日”“义务植树节”“爱鸟周”等重大活动，引导和吸收广大市民、学生和社会公众参与。通过义务植树、绿地认养、志愿者行动、自然教育体验、设立公众举报电话、奖励举报人员、建立生态问题公众听证会制度等多种方式，促进公众践行生态文明，弘扬生态文化，培育公众的生态意识和保护生态的行为规范，激发公众热爱自然、保护生态的积极性和自觉性，在全社会逐步养成良好的生态价值观念、生活方式和消费行为。通过举办生态文化笔会、优秀作品评选等，推动社会公众参与生态文化作品的创作。广泛开展好由政府组织的国家森林城市、国家生态文明教育基地、生态文化示范基地、全国生态文化村、生态文化企业、生态文化社区等创建活动，使生态文化观、生态政绩观成为决策者的指导思想。

完善国际交流与合作机制。生态环境问题是全球性的问题，生态保护和生态建设是一项普遍性的跨越国界的事业。世界各国在生态保护建设的实践中离不开生态文化的普及，同时，各国间的环保合作也需要形成对生态文化的普遍认同。为此，各国间必须积极加强开展生态文化领域的交流与合作，建立以生态文化为目标的全球合作机制。生态文化的国际交流与合作涉及多个层次和多个领域。在交流的主体上，包括国家政府、地方政府、科研教育机构、社会团体组织、各行业特别是文化行业的企业单位以及个人。在内容上，生态文化的国际交流与合作可包括人员交流、生态科技交流与合作、生态教育、培训交流与合作、生态立法与合作。近些年来，我国在实现人与自然和谐相处、保持经济社会全面、协调、可持续发展等方面，已与世界各国形成共识，但是与世界上许多国家相比，在生态科技、生态教育、生态立法等实践领域还存在许多不足。因此，加强国际的生态文化交流与合作，借鉴和吸收其他国家已有的生态文化成果，以克服自身在生态文化建设实践中的不足，迅速提高我国生态文化的创新能力和水平。同时，国际的生态文化交流与合作，既是学习国外优秀经验的过程，也可以展示中国特色生态文化建设成果，有助于国际社会对我国生态保护和建设的了解与认识，有利于我国在全球生态保护领域的良好形象，提升我国在国际生态外交、立法等方面的地位和话语权。为此，我们必须通过“走出去、引进来”的方式和方法，进行广泛的多层次、多领域的交流与合作，以促进生态文化建设的发展。

## 三、构建与现代生态文化相适应的生活生产方式

弘扬生态文化是一个宏大而长期的工程，不仅涉及对天人关系的认知、感悟，以及发展理念的改变，而且涉及促进人与自然和谐共荣的道德规范、行为规范等，集中体现在价值观念、思维方式、生活方式、生产方式、行为方式等方面。

生活方式上，生态文化要求人类改变传统的物质型生活方式，培养绿色生活方式。绿色生活方式是一种节能、环保的消费方式。过去传统的以消耗资源为代价的生活方式不仅造成了严峻的生态环境问题，同时也造成了严重的资源浪费，不利于人类社会的可持续性发展。人类经过反思，意识到要想继续生存下去，就必须调整自身行为，摒弃现行的生活方式和生产方式，改变以往对物欲的过度追求，构建一种崭新的精神生活和消费方式。从生态文化的角度来讲，这种生活和消费方式就是所谓的绿色生活方式，就是从注重物质消费转移到注重精神消费，注重的是人之想象力、创造力和鉴赏力等内在能力的提高，以及心智和潜能等精神层面的启迪和开发。总之，绿色生活方式实现了经济发展、人类需求得到满足以及自然生态环境免遭毁坏三者之间的协调，不仅缓解了人与自然的矛盾，还满足了人类生存发展的基本需求，是一种具有持续性的生活方式。[1]

生产方式上，由于生态文化是绿色产业及产品的灵魂和标志，也是推动绿色产业发展的动力，因此，生态文化要求人类社会采用清洁生产等生态化的生产新范式，合理生产，节约自然资源，着重减少废弃物的排放，加强力度改变过去传统的不合理的工业化生产方式，确立起新的以生态产业为主导的生产方式。

传统的生产方式是以牺牲生态环境为代价来获取经济的增长，工业文化影响下的生产方式通过资源的浪费来获取奢侈型消费需求，从而在非生态化的经济发展范式影响下，导致了国家和地区面临严峻的生态危机。生态文化建设的主要任务就是要改变传统的那种“资源消费—产品—废物排放”的单程型物质流动模式，倡导一种“资源消费—产品—再生资源”的循环型物质流动模式，也就是所谓的循环经济模式。循环

1　邓乃平．北京生态文化建设理论与实践［M］．北京：中国林业出版社，2014．

经济就是按照生态规律开发利用自然资源，在充分考虑环境容量的基础上，实现经济行为的生态化。循环经济追求自然资源的低消耗、再利用，以提高资源利用率为主要特征。其目标是社会与生态的可持续发展，促使生态效益与社会效益的有机结合。从生态经济的角度来讲，既要减少经济增长对环境产生的负外部性，摒弃高消费和浪费，实现经济发展与生态环境保护的共赢，建立当代生态经济发展的文化新范式。

作为一种思维方式和活动方式，生态文化建设所倡导的是全新发展理念与模式，必然实现从有形到无形——境界的提升与生活方式的变迁。只有全社会共同努力，转向更高文明的生产与生活方式，内蒙古生态文明和美丽中国建设的宏伟目标才能早日实现，进而稳步迈入社会主义生态文明的新时代。

## 参考文献

[1] 习近平 . 中国共产党第十九次全国代表大会报告 [R]. 人民网 .2017-10-28.

[2] 中国共产党内蒙古自治区第十次代表大会报告 [R]. 内蒙古新闻网 . 2016-12-01.

[3] 中共中央，国务院 . 关于加快推进生态文明建设的意见 [R] . 中共中央办公厅，2015.

[4] 环境保护部，等 . 全国环境宣传教育工作纲要（2016—2020 年）[R]. 环保部办公厅，2016.

[5] 邓乃平 . 北京生态文化建设理论与实践 [M]. 北京：中国林业出版社，2014.

[6] 内蒙古自治区党委政府 . 关于加快推进生态文明建设的实施意见 [R] . 内蒙古自治区人民政府办公厅，2015.

[7] 江泽慧 . 生态文明时代的主流文化 [M]. 北京：人民出版社，2013：87.

[8] 国家林业局 . 中国生态文化发展纲要（2016—2020 年）[EB/OL]. http：//www.forestry.gov.cn/.

[9] 李佩环 . 论生态文化建设及其法制保障 [J]. 商业时代，2008（16）：45.

[10] 章鹏 . 经营者需要提高生态文化素养 [J]. 经营管理者，2008（6）：86-87.

[11] 张新宇，等 . 生态文化建设的基本着力点 [J]. 环渤海经济瞭望，2008（9）：42.

[12] 刘亚萍，李银昌 . 生态文化新论 [M]. 北京：中国环境出版社，2016.

[13] 高晓森 . 立足新起点开创新时代内蒙古文化产业新局面 [J]. 实践，2018（8）：36–38.

[14] 孟荣涛 . 内蒙古文化生态保护区建设研究 [J]. 实践，2016（6）：48–49.

[15] 李干杰 . 在 2018 年全国环境保护工作会议上的讲话 [EB/OL].http：//www.hebhb.gov.cn/syld/lgj/201802/t20180211_61402.html.

# 后记

“生态兴则文明兴，生态衰则文明衰。”2019 年全国两会期间，习近平总书记在参加十三届全国人大二次会议内蒙古代表团审议时发表的重要讲话，进一步丰富和发展了习近平生态文明思想，为进一步做好内蒙古生态文明建设提供了强大的思想武器和科学的行动指南。

生态文明建设是一项功在当代、利在千秋的伟业，所以生态环境不仅是关系党的使命宗旨的重大政治问题，也是关系民生的重大社会问题。生态文化是生态文明时代的主流文化，是培植生态文明的根基，可以促进生态文明建设的理念创新、制度规约、行为典范和物质文化体系的形成，并通过教化、规制、示范、样板等方式进行系统的生态文化培育，从而不断提升生态文明水平。生态文化具有丰富性和多样性等特点，不同地域、不同民族有着不同的生态文化特征。

内蒙古自治区地处祖国正北方，地域辽阔、横跨“三北”、地近京畿，是我国北方面积最大、种类最全的生态功能区，生态地位极为重要。同时也要看到，内蒙古自治区既面临着全国普遍存在的生态环境问题，也具有独特的地理区位、资源禀赋、产业结构和经济形态；既要面对生态环境基础非常脆弱的现实问题，又面临着经济发展和环境保护的双重压力。在这样的背景下，我们更要保持加强生态文明建设的战略定力，探索以生态优先、绿色发展为导向的高质量发展新路子，加大生态系统保护力度，打好污染防治攻坚战，守护好祖国北疆这道亮丽风景线。

《内蒙古生态文化建设战略研究》是由魏智勇教授和白志峰主任主持完成的内蒙古哲学社会科学重点项目的最终研究成果。该项目于 2016 年 12 月立项，研究工作历时两年，在认真分析研究国内外生态文化建设文献资料的基础上，深入系统地论证了内蒙古加强生态文化的必要性和重要性，较为全面地分析了内蒙古生态文化建设的现状，明确了内蒙古生态文化建设的优劣条件、机遇和挑战，提出了内蒙古生态文化建设的指导思想、目标、原则、重点任务，探索了一些切实可行的保障措施，希望对于推动内蒙古生态文明和生态文化建设起到重要的理论指导作用。

全书由魏智勇负责总体设计、制定框架、统稿和定稿，由白志峰负责审稿、组织调研，参加本书各章节研究撰写的学者主要为：第一章：魏智勇、武珊珊；第二章：魏智勇、武珊珊；第三章：祁瑜、都兰；第四章：魏智勇、常红梅、李婧；第五章：魏智勇、郑淑清；第六章：魏智勇、白志峰；第七章：魏智勇、李婧；第八章：魏智勇。

书中照片由内蒙古自治区环境保护宣传教育中心提供，在此深表谢意！

本书在撰写过程中，得到了内蒙古自治区生态环境厅的大力支持，向东厅长在百忙之中欣然为之作序，张慧宇副厅长给予了具体指导，提出了很多建议；内蒙古自治区环境保护宣传教育中心郭瑞清副主任在本书的研究创作过程中给予了诸多帮助，提出了许多中肯的意见和建议；中国环境出版集团副总经理沈建先生为本书的编辑出版付出了辛勤劳动，在此一并表示感谢！

内蒙古生态文化建设是一项涉及面广、创新难度大的系统工程。搁笔之际，诚惶诚恐，受水平所限，书中难免存在疏漏和不足之处，敬请各位专家学者批评、指正。

魏智勇
内蒙古师范大学
2019 年 4 月 20 日